国家自然科学基金项目专著

涉水环境降质光学图像
增强方法及应用

马金祥　著

国防工业出版社

·北京·

内 容 简 介

本书构建了涉水环境水下降质光学图像的恢复与增强相结合的处理方法。对于水下光学图像出现的四类主要降质特性(非均匀亮度、信噪比低、动态范围窄、颜色失真),提出了一种水下降质光学图像降质特性判断的参数指标,明确刻画了降质特性的定义与度量,为水下降质光学图像增强效果的评估提供了理论依据。另外,开展了水下降质光学图像增强的理论研究,以及结合四类主要降质特性进行水下降质光学图像增强的应用研究。

为了便于读者深入地理解并掌握水下降质光学图像增强方法及应用,本书配备有大量实用案例。本书的研究成果可以应用到水利工程及其他领域涉水环境降质光学图像增强。

本书可作为高等院校本科生、研究生图像信息处理、电子信息处理等专业的教材,也可作为图像信息处理、电子信息处理等相关工程技术和研究人员的参考书。

图书在版编目(CIP)数据

涉水环境降质光学图像增强方法及应用/马金祥著
. —北京:国防工业出版社,2024.6
ISBN 978-7-118-13301-1

Ⅰ.①涉… Ⅱ.①马… Ⅲ.①水下光源—图像光学处理—研究 Ⅳ.①P733.3②TN919.8

中国国家版本馆 CIP 数据核字(2024)第 104911 号

※

国防工业出版社出版发行
(北京市海淀区紫竹院南路 23 号 邮政编码 100048)
三河市天利华印刷装订有限公司印刷
新华书店经售

*

开本 787×1092 1/16 插页 15 印张 9½ 字数 256 千字
2024 年 6 月第 1 版第 1 次印刷 印数 1—2000 册 定价 90.00 元

(本书如有印装错误,我社负责调换)

国防书店:(010)88540777 书店传真:(010)88540776
发行业务:(010)88540717 发行传真:(010)88540762

前　　言

　　光学视觉系统具有低成本、易实现的优势。辅之以智能计算,日益成为水下机器人视觉系统的主流配置。然而,水下机器人的应用场景繁多,且作业任务迥异,因此即便是同一作业任务,随着作业进程的推进,场景也呈现复杂多变态势。水下环境中悬浮颗粒的存在、人工光源的引入,以及水下光线的强吸收、强散射等,使得获取的水下光学图像出现四类主要降质特性(非均匀亮度、信噪比低、动态范围窄、颜色失真),对后续图像的处理与应用带来困难,所以一般需要对图像进行增强处理。

　　现有的水下光学图像增强方法,存在以下亟待解决的问题:缺乏降质图像特性的数学描述,水下图像质量评测标准还需要进一步完善;没有考虑多种降质特性并存的复杂场景;水下图像增强方法的鲁棒性和自适应能力不足,无法满足实际应用的需求;研究主要集中于单幅水下图像,对水下视频研究的重视程度不够;等等。为此,本书以水下降质光学图像为研究对象,提出图像增强的系统方案,研究图像增强的关键技术,具体如下:

　　(1) 构建水下降质光学图像的恢复与增强相结合的处理方法。研究人类视觉感知系统的生理机理以及信息加工机制,并探讨降质图像特性描述和度量方法。对于四类主要降质特性的水下降质光学图像增强,提出非均匀亮度问题应优先考虑。匀光处理,以图像中等亮度光照带为参照,通过对偏亮和偏暗区域修正来实现,会降低图像的对比度。对于其他三类降质特性图像处理方法,这三种方法能够相互促进,改善彼此的降质问题,提升图像的对比度。本书提出的水下降质光学图像增强解决方案,在实现水下降质光学图像准确、高效增强处理方面奠定了必要的基础。

　　(2) 提出了一种水下降质光学图像降质特性判断的参数指标,明确刻画了降质特性的定义与度量,为水下降质光学图像增强效果的评估提供了理论依据。通过水下降质光学图像特性的参数描述,既丰富了水下图像视觉质量的评价内涵,也拓展了水下光学图像增强处理质量提升评价参数的多元化。在此基础上,结合四类主要降质特性的水下降质光学图像增强应用实验,验证了该参数指标的有效性和可推广性。

　　(3) 提出了一种基于广义有界对数运算模型的彩色空间增强图像对比度、信息熵等尺度指标连续调节方法。图像增强阶段,通过恢复图像和梯度域自适应增益的广义有界对数运算,可实现图像对比度、信息熵在一定范围内的连续调节。广义有界对数运算模型,一方面能够在一定程度上模拟人类视觉系统由远及近观察目标的特性,另一方面对于探索图像对比度、信息熵等尺度参数变化规律具有重要意义。

　　(4) 提出了一种基于线性变换与非线性变换相结合的彩色空间图像融合算法。为了协调彩色图像颜色不均衡现象,提出了 YIQ 和 HSI 颜色空间图像融合算法。该融合算法能有效调节融合图像的亮度均值,获取比单一颜色空间 CLAHE 算法更高的图像对比度、信息熵和色彩尺度。该实验结果显示增强图像的整体视觉质量显著提升,验证了该方法的有效性。

（5）本书提出的方法经过实验验证，能有效减弱水下图像降质特性，较好保持图像的纹理细节和结构信息，显著提升图像视觉质量。光圈层最大亮度差和雾密度下降幅度可达 76.13% 和 84.45%，动态范围比率和颜色均衡度提升幅度可达 166.68% 和 51.52%；提升水下图像视觉质量，对比度、信息熵和色彩尺度等提升幅度可达 22690%、22.60% 和 119.93%。

本书的研究主要获得了国家自然科学基金和模式识别国家重点实验室开放课题基金资助。国家自然科学基金名称：基于仿生视觉感知建模的水下构筑物裂缝检测方法研究，项目批准号：61573128，起止时间：2016.1—2019.12；考虑侧偏纵滑特性的分布式驱动自动驾驶汽车失稳机理及轨迹跟踪控制，项目批准号：62273061，起止时间：2023.1—2026.12；模式识别国家重点实验室开放课题基金名称：梯度域广义有界对数运算模型的水下图像增强算法研究，项目编号：201800019，起止时间：2018.1—2019.12。

由于时间仓促，水平有限，本书难免存在疏漏或不妥之处，敬请读者批评指正！

作　者

2022 年 12 月

目　　录

第一章　绪　　论

本章对本书的研究背景和意义、主要研究内容,以及国内外相关课题研究现状及发展趋势展开介绍。首先,介绍水下降质光学图像增强研究的背景和意义;然后,介绍水下图像增强研究方法分类、研究现状及发展趋势;最后,介绍本书的研究内容以及组织结构。

1.1　研究背景和意义

1.1.1　研究背景

近年来,随着计算机科学技术不断发展,数字图像处理理论取得了长足进展,凡是与成像相关的领域几乎都会涉及图像处理技术,并且正发挥着越来越重要的作用。数字图像处理技术应用领域包括天文成像、卫星遥感应用、水下图像等。其中,水下图像处理涉及海洋军事、海洋资源、水利工程等方面,在实际应用中具有非常广阔的前景。

人们在研究水下环境时,通常会通过视觉传感器获取图像。然而,辅助光源的介入、水介质对光线的吸收作用,以及悬浮粒子对光线的散射效应,往往会导致水下图像存在非均匀亮度、信噪比低、动态范围窄、颜色失真等退化问题。降质图像的图像质量和视觉效果退化,严重影响水下目标识别的准确性。基于图像增强技术获取清晰的水下图像,提高图像视觉质量,充分挖掘图像纹理色彩的信息量,日益成为水下图像信息处理的迫切需求。在新时期海洋军事、海洋资源、水利工程事业中,水下图像增强理论在全面深化供给侧结构性改革、支撑社会经济发展、促进生态环境保护等方面具有重要意义[1]。

例如:水下大坝裂缝图像检测存在困难,但其对于坝体安全具有举足轻重的作用。存在裂缝的大坝,其裂缝部位与非裂缝部位,应力不均匀,表现为非均匀应力场。涡流作用于裂缝岩壁,水流速度梯度较大,产生较大的应力。所以,存在裂缝的大坝,其裂缝部位会形成涡流旋转角速度的叠加,对裂缝岩壁剪切力增强。如果不能及时检测到裂缝,不及时修复,裂缝会进一步扩大,将会对坝体安全和下游产生严重威胁。

图像工程是为了对各种图像技术进行综合研究、集成应用建立的一种整体框架。图像工程学科的研究范围与模式识别、计算机视觉、计算机图形图像学相互交叉,其研究进展又与人工智能、神经网络、遗传算法、模糊逻辑等发展密切相关。按照抽象程度和语义层次从低到高的顺序,图像工程分为图像处理、图像分析和图像理解三个层次[2]。

图像处理是一个大类的图像技术,主要强调图像之间的各种变换。人们常用图像处理来泛指各种图像技术,但狭义的图像处理技术是指对图像进行各种加工,其目的在于改善图像的视觉质量,并为进一步的图像分析、图像理解打下良好的基础。数字图像的对比度、信息熵、色彩信息等图像质量信息对于后续图像研判、分析计算、识别的准确性,会产生很大的影响。然而,从各种视觉传感器直接获取到的数字图像,由于受到目标与相机之间距离、场景光照、雾霾或悬浮颗粒物、光线的散射吸收等条件的限制,往往不能满足图像分析和图像理解的实际需求,因此需要进行一定的处理以提高图像质量。

图像增强是为了满足某些特殊分析的需要,有针对性地重点强调图像整体或者局部的特性,同时弱化或者去除次要或者无关的信息,将原来不清晰、纹理模糊的图像转换成更适合分析处理的图像预处理方法。广义的图像增强是指对降质图像进行清晰化处理。图像清晰化技术大致可以分为图像恢复和图像增强两类。图像恢复通常是基于光学成像物理模型,分析图像退化机理,估计成像模型参数并反演计算恢复图像。图像恢复的目的在于获取高视觉质量的图像。图像增强往往并不考虑成像原理,主要通过调整像素值来提高对比度和颜色,并获取图像更多的信息和细节。

水下图像增强是提高水下图像质量最基本的一种方法,其目的在于提高水下图像对比度,整体提升水下图像的视觉质量。水下目标识别过程一般包括水下图像预处理、图像分割、特征提取和目标识别四个部分。水下图像增强是水下图像预处理的重要组成部分,有利于提高后续环节中图像分割、特征提取和目标识别的准确性。

本书从水下降质光学图像增强的需求出发,以水下图像视觉质量提升和客观尺度参数评价作为算法改进的驱动。本书以水下降质光学图像为研究对象,采用基于物理模型与非物理模型相结合的方法进行原始图像恢复处理,采用梯度域自适应增益与广义有界对数运算模型相结合的方法进行恢复图像对比度连续调整,以主观评估与客观评价相结合的方法进行增强图像质量评价,开展基于图像恢复与图像增强相结合的水下降质光学图像增强算法与应用研究。

1.1.2 研究意义

视觉系统是水下机器人感知水下环境的重要手段之一,水下视觉技术一般分为"基于声视觉"和"基于光视觉"两种。声视觉主要用于实现水下目标探测、定位和导航,由于存在信号无法到达的盲区和信号通道错杂较差等问题,使得其在水下近距离作业中的研究还有待于进一步深入。相比较于水下声视觉系统,水下光视觉传感器具有信息量丰富、分辨率高和识别度高等优势,因此水下光视觉在水下智能机器人应用中的优势更加明显。由于人类可以接收到的光视觉信息占可接收信息量的70%以上,所以水下光视觉技术广泛应用于海洋军事建设、海洋资源开发、水利工程建设等领域。

水下机器人是探索与开发水下资源的重要工具设施,水下机器人一般配备光学传感器。一方面,光学传感器能够为机器人提供水下目标的检测、识别、跟踪和定位等信息;另一方面,光学系统环境信息还可以为机器人提供路径规划和决策的环境模型。因此,图像信息的处理能力是水下机器人对环境动态感知、快速检测定位与监测目标跟踪的关键。由视觉系统采集到的水下图像,形状、颜色和纹理特征信息明显,有利于进一步的目标检测与识别处理。

水下环境要比大气环境复杂得多,水下图像获取时往往需要借助辅助光源,水中悬浮的颗粒和溶解的化学物质会导致水下光线的散射和吸收。光线的散射是指入射光通过水中的粒子发生多次反射和折射,光线的吸收是指光线在水中传播过程中会不断衰减。光线的散射和吸收是造成水下能见度有限的主要原因,水下能见度有限,直接导致视觉传感器获取的水下图像退化。退化的水下图像不仅无法直接满足实际需求,而且会影响目标识别的准确性和效率。因此,如何针对非均匀亮度、信噪比低、动态范围窄、颜色失真的降质图像,进行恢复和增强处理,获取清晰自然、高对比度的水下图像,是准确检测和识别水下目标的关键。

综上所述,加快水下图像增强处理技术理论研究,是发展探索与开发水下资源的强有力工具,对推进水下机器人智能化水平,加快水下机器人应用化进程,加快推进新时期我国海洋事业、水利工程事业的发展,具有十分重要的意义。

1.2 水下图像增强研究现状及发展趋势

1.2.1 水下图像降质成因

水下图像或视频信息,能提供水下客观环境的直观信息,一般通过各种观测系统(如视觉传感器)以不同形式和观测手段获取。水下光学技术[3-4]、水下成像技术[5-8]和水下目标检测技术[9-12]的研究,在水下资源勘探[13]、水下环境保护[14]和水下军事[15]等领域都有广泛的应用。

然而,水下目标光学图像的获取,面临比大气环境中更大的挑战,这主要是由水下光线的强吸收、强散射、色彩失真,以及人工光源的引入所导致的[5,16-17]。水中的悬浮颗粒能吸收绝大多数光能,导致水下图像灰暗、色彩失真。散射过程包括光线与水中的颗粒(如沙子和浮游生物)碰撞后的一系列方向变化,导致水下图像模糊[18-20]。水下环境中图像或视频信息降质严重,这种情况类似于雾天环境对户外视觉的影响,降质的水下图像给实际应用和科学研究带来极大的不便。具体而言,水下图像降质的成因可以归纳为以下几个方面。

(1) 光线在水中传播呈指数规律衰减,导致水下图像对比度降低、纹理细节模糊。研究表明,在清澈水中拍摄的图像能见度范围为20m,而在浑浊水中拍摄的图像能见度范围仅为5m。数字相机获取的光学信息主要由以下三部分组成[21-22]:①光线直射部分,是物体反射的光线,从目标直接到相机,光照呈指数衰减;②前向散射部分,是反射光随机偏离传播轨迹后被相机接收的光线;③后向散射部分,是部分光照在未到达目标景物前被悬浮颗粒反射,随后被相机接收。后向散射效应会在光学图像中造成"雾化"背景,导致水下图像对比度下降。前向散射和后向散射的共同作用,会导致水下光学图像降质严重,这是限制相机水下观测距离的主要原因。虽然提高辅助照明的功率可以增加目标反射光的强度,但是反向散射光线的强度也会同时增加,因此提高辅助光源功率并不能提高水下光学图像的对比度。图1.1所示为水下光学成像基础模型。

(2) 由于不同波长的光线在水下传播时,具有不同的衰减率,直接导致水下成像的颜色失真。一般情况下,光线的波长越短,在水中的穿透能力越强。在RGB颜色空间中,蓝光波长最短,绿光次之,红光最长;蓝光穿透力最强,绿光次之,红光最弱。因此,水下图像往往呈现典型的蓝色调或者绿色调。

(3) 通常情况下,为了提高水下探测目标的能见度,会在摄像设备[23-25]上增加了一个辅助人工光源装置。但是,人工光源也会带来一些负面影响:一方面,降低水下光学传感器的便携性和灵活性;另一方面,导致采集光学图像亮度的不均匀。水下图像非均匀亮

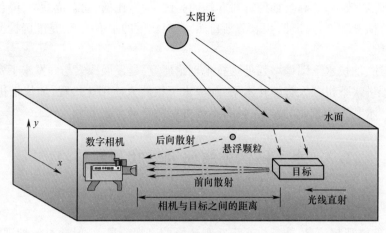

图 1.1 水下光学成像基础模型

度特性表现为：在图像的中心区域会出现一个亮区域，而在图像的边缘区域则会出现暗区域，图像整体亮度分布不均匀，图像质量严重降低。

（4）溶解在水中的有机物质以及微小的悬浮颗粒，导致水下光学图像具有较大的噪声干扰，同时也会放大后向散射对水下成像的影响。

1.2.2 水下图像增强研究方法分类

一般而言，水下探测目标在水面以下 4~5m 距离后，能见度会迅速下降。在过去的几年里，研究人员设计了许多硬件平台和摄像设备，以提高水下目标的能见度[26-27]，并在许多领域得到了应用。在这些应用中，硬件平台包括距离选通成像[28-29]、荧光成像[30]和立体成像[31]，摄像设备包括水下的摄像机[26]、可移动水下摄像机系统[32]、双视摄像机[33]和水下三维扫描仪[34]等。这些研究成果已经广泛应用于水下微观探测[35]、水下地形扫描、水下地雷探测、通信电缆敷设、自动式水下运载器（autonomous underwater vehicle，AUV）[36]、管道安全[37]、核反应堆和海上平台立柱等领域。

水下视觉传感器设备及其硬件平台的不断发展，可以提高水下探测目标的图像质量，但与成像系统设备硬件的高成本相比，应用数字图像处理软件只需要较低的成本就能实现相应的图像提升效果，具有更高的性价比。数字图像处理概念提出以来，水下图像信息处理的研究得到了极大的发展[38-40]。数据显示，水下图像处理的研究主要集中在水下图像去雾、水下图像恢复增强、水下目标检测、水下图像噪声抑制等方面。其中，水下图像恢复和增强，是近年来水下图像处理的主要研究热点之一。

水下图像处理包括图像恢复和图像增强。其中，水下图像恢复能提高水下图像的视觉质量，而水下图像增强能显著提高水下图像的对比度。

水下图像增强的目的在于增强图像中感兴趣区域的特征，使其包含的信息量更加丰富，图像视觉质量更加清晰，便于后期的图像研判与识别处理。水下图像增强方法，大致可分为非物理模型方法和基于物理模型方法[21]。

一、非物理模型方法

非物理模型的方法并不依赖水下光学成像模型，主要通过调整图像的像素值来改善其视觉质量,属于图像增强范畴。非物理模型方法可细分为传统水下图像增强方法和针对水下成像特点设计的方法。

传统的水下图像增强方法种类繁多[41-43],一般用来增强水下图像的方法可以归纳为两类:空域法和变换域法。空域法直接对图像的像素进行处理,基本上以灰度映射和灰度变换为基础,如增加图像的对比度,改善图像的灰度层级等。变换域法是运用变换技术(常见变换,如傅里叶变换和小波变换等),用数字滤波方式来调整图像清晰度。

(1)空域法。水下图像增强的传统空域方法大致分为两类:对比度增强方法,即直方图均衡化[44]、自适应直方图均衡[45]和限制对比度自适应直方图均衡化[46-47];颜色修正方法,即灰度世界假设[48]、白平衡[49]和灰度边缘假设[50]等。经典的空域图像增强算法在实现大气环境中图像去雾时往往能取得较好的效果。然而,当直接将这些空域图像增强方法移植到水下图像增强时,处理效果并不理想。研究表明:直方图均衡化算法及其演变算法应用于水下图像时,在增强目标图像的同时,往往会引入严重的光晕并且放大图像中的噪声;灰度世界假设和白平衡算法应用于水下图像,当光照不足或非均匀亮度时,均会引起严重的颜色失真问题;另外,由于水下图像一般具有对比度低和边缘模糊等特点,灰度边缘假设的条件很难满足。总之,经典的空域图像增强算法能在一定程度上改善水下图像视觉质量,提升水下图像对比度的处理效果,但仍然存在放大噪声信号、信息熵下降、导致颜色失真、引入光晕等不足之处。

(2)变换域法。变换域法利用图像变换方法,先将原始图像从空域中映射转换到变换域中,并在变换域中进行图像处理,再反变换回空域,得到最终的增强图像。近年来,国内外研究人员将小波变换应用于水下图像增强[51-54],如将经验模态分解(empirical mode decomposition,EMD)与固有模式函数(intrinsic mode functions,IMF)相结合用于图像去噪,取得了比较好的图像增强效果。但是,针对水下光学图像的非均匀亮度、对比度低、颜色失真、边缘模糊等降质问题,很难取得理想的处理效果。研究发现:由于水下目标相对复杂的成像条件和恶劣的光照条件,水下光学图像不仅来自目标的光线直射,还受到光线的前向/后向散射、光线吸收和悬浮颗粒物的严重干扰。所以,变换域法仍然无法彻底解决水下光学图像的降质问题。

专门针对水下成像特点设计的增强方法包括颜色修正方法和复合型方法。其中,复合型方法一般是将不同颜色空间、不同运算域或者不同算法增强结果进行融合。

(1)颜色修正方法。2003年,为了减少水柱对水下图像的负面影响,Julia等人[55]提出了一种彩色图像校正方法。基于对水底各类物体(如沙子、珊瑚和藻类等)相对反射率的估计,该方法确定了水底物体反射率对色彩校正算法的影响。2007年,Julia等人[56]提出了一种从RGB图像和逐点高光谱数据中估计高光谱图像的方法,并且用高光谱数据对高光谱水下图像进行颜色校正,并将其转换回RGB颜色空间。2005年,Torres-Mendez等人[57]从统计先验的角度出发,针对蓝-绿色调的水下图像,使用马尔可夫随机场(Markov random field,MRF)来描述颜色失真的观测图像和颜色正常的真实场景之间的对应关系,标注颜色失真像素点,并利用置信度传播方法训练MRF数据,实现了自适应恢复水下图像的真实颜色。Torres-Mendz等人从不同水下场景中获得的实验数据验证了该方法的可行性。在普通场景的颜色恒常性假设中,环境光源是空间常数,但在水下环境中,光线衰减严重,颜色恒常性假设条件不满足。2013年,Henke等人[58]通过分析研究经典彩色恒常算法应用于水下图像增强时遇到的问题,提出了一种基于低阶图像特征的彩色恒常假设算法来对水下图像的颜色偏差进行修正。该方法修正了灰度世界假设条件,利用距离图估计多个增益因子来去除颜色投射。由于水介质的吸收和散射,水下环境中获取的图像和空气中获取的图像颜色明显不同,这也会给图像处理和目标识别带来困难。2014年,Kan 等人[59]基于水介质对光谱的选择性吸收原理的研究,提出一种颜色恢复算法。该方法计算了三通道光线衰减系数的变化,并将衰减值的变化用于补偿颜色失真。

(2)复合型方法。针对水下目标复杂的成像环境和恶劣的光照条件,不依赖于具体的成像物理模型,综合运用空域法和变换域法的各种算法,在不同的颜色空间中,提升水下图像对比度,校正水下图像颜色偏差的方法,都可以归纳为复合型方法。2007 年,Iqbal 等人[60]提出一种简单易行的水下图像增强算法。该算法基于直方图滑动拉伸算法。针对水下光学图像颜色衰减和对比度下降的问题,首先在 RGB 颜色空间中线性拉伸衰减严重的红绿色分量的直方图,然后在 HSI 颜色空间中拉伸图像的饱和度和亮度,从而整体提高水下图像的对比度和颜色。2010 年,Iqbal 等人[61]提出了一种基于颜色平衡与对比度修正的非监督的水下图像增强算法。Iqbal 等人提出的这两种算法[60-61]至今仍被深入研究和广泛使用。2018 年,Ma 等人[47]提出了一种基于 YIQ 和 HSI 颜色空间融合的限制对比度自适应直方图均衡化(contrast limited adaptive histogram equalization,CLAHE)水下图像增强算法。

二、基于物理模型方法

基于物理模型的方法是指对水下光学图像的降质过程进行数学建模,通过估计模型参数,反演退化过程获得清晰的水下图像,属于图像复原的范畴。其具体包括基于假设条件或先验知识的方法、基于图像去雾模型的改进方法和基于水下光学成像模型的方法。

2006 年,Trucco 等人[62]基于基本的 Jaffe-McGlamery 水下图像成像数学模型[63-64]提出一种自校正的水下图像恢复滤波器。通过优化基于全局对比度测量的质量标准,自动估计图像的最佳滤波参数值。该方法基于以下两种理想的假设条件:水下图像受到均匀光照并且只受到前向散射的影响。对真实任务视频的大量帧进行的定量测试表明,当将图像恢复用作分类器检测未受约束的海底视频中人造物体的预处理器时,其算法性能有很大的提高。然而,该方法的假设条件限制其实际应用。因为水下目标检测中辅助光源的使用,会引入非均匀亮度现象。水下光线散射既有前向散射,又有后向散射,两部分散射同时并存。2007 年,Hou 等人[65]将水下图像的光学特性引入到系统响应函数,扩展了传统图像的复原方法,特别是空间域的点扩散函数(point spread function,PSF)和频率域的调制传递函数(modulation transfer function,MTF)。假设水下光学图像的模糊是由水体吸收光线以及悬浮颗粒引起的光照散射所导致的。因此,设计了一种与环境光学特性相匹配的客观图像质量度量,用于衡量其恢复的有效性和检验优化的方法。该度量利用以前的小波分解来约束基于边缘灰度坡度的锐度度量(该锐度度量由图像高频分量的功率与图像总功率之比进行加权)。此方法通过估计光照散射参数,采用小波分解的方式恢复水下光学图像。

2010 年,张赫等人[66]通过分析水下光学图像的退化机理,提出基于大气湍流模型获取水下光学图像退化函数的方法,并利用频域滤波完成了降质图像的复原工作。实验结果表明:该方法可以明显改善水下退化图像的清晰度,具有较优的分割效果。2010 年,

Carlevaris-Bianco 等人[67]利用水下图像 RGB 三个颜色通道之间的衰减差来估计场景的深度,并利用该物理属性来克服图像中雾度的空间变化影响,进而移除光照散射对水下图像造成的影响。2012 年,Chiang 等人[68]采用经典的图像去雾算法结合水下光线沿传播路径衰减的特点,提出一种基于去噪的水下图像增强方法。该方法先估计景深图,分割场景中前景和背景,再根据背景光中不同颜色通道的剩余能量比估计图像的景深。根据每个波长对应的衰减比,进行变色补偿,实现色彩平衡。实验结果表明:该方法可以有效降低辅助光源非均匀光照的影响,显著提高水下图像的可见度和颜色保真度。

2013 年,Wen 等人[69]提出一种水下目标光学成像数学模型,根据成像模型估计全局背景光和透射率,由降质水下光学图像反演推导出清晰的场景图像。实验表明,该方法对深海图像和浑浊水下图像增强效果明显。2013 年,Lu 等人[70]通过引导三角双边滤波器和颜色校正,解决水下光学成像中的散射和颜色畸变两个主要畸变问题,实现水下光学图像增强。2014 年,Serikawa 等人[71]提出了应用水下成像模型补偿沿传播路径的衰减差异,并提出了一种快速引导三角双边滤波增强算法和快速自动颜色校正增强算法。增强处理后的水下图像噪声水平降低,黑暗区域的曝光量提高,整体对比度提升,且图像纹理细节和边缘得到显著增强。沿着光照传播路径进行能量补偿来解决水下图像受到的散射和颜色偏差等影响。2015 年,Galdran 等人[72]提出一种红通道的方法来恢复水下图像丢失的对比度。该方法是经典的图像去雾模型——暗道法先验[73](dark channel prior,DCP)的变形。实验结果表明,该算法可以有效地处理人工照明区域,实现自然色彩校正和能见度改善。2015 年,Zhao 等人[74]发现水下图像退化与水的光学传播特性有关,提出了一种基于水下目标成像模型,从水下图像的背景色推导固有光学属性的方法,进而反演退化过程恢复出清晰化的水下图像。2016 年,Ma 等人[75]提出了一种改进暗通道先验的大坝水下裂缝图像自适应增强算法。实验表明,该方法能有效抑制水下光学图像噪声干扰,提高大坝水下裂缝图像的清晰度。2016 年,Li 等人[76]提出一种解决水下图像偏色和对比度下降的方法。实验表明,该方法能有效降低水下图像的颜色偏差,提高水下光学图像的对比度和清晰度,恢复水下目标场景原有的自然表面。

水下图像恢复和增强方法分类[21]如图 1.2 所示。

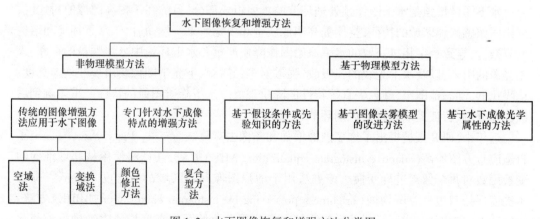

图 1.2 水下图像恢复和增强方法分类图

水下图像增强研究方法的特点,如下:

水下图像增强是图像增强技术的重要分支,可以采用空域法、变换域法及人工智能的方法,但这三类方法在应用过程中存在一些差异。

空域图像增强技术的基本原理是:①直接对图像中的像素进行运算处理;②主要以灰度映射变换为基础;③具体的映射变换与增强的目的相关联[2-3]。

变换域图像增强技术的 3 个基本步骤是:①将图像从空域转换到变换域;②在变换域中对图像进行增强处理;③将增强后的图像再从变换域转换回到空域图像。最常用的变换域是频率空间,所采用的变换是傅里叶变换[2-3]。

频域图像增强技术与空域图像增强技术密切相关。一方面,在频域中滤波器的转移函数与空域中的脉冲响应函数或点扩散函数构成傅里叶变换时,空域滤波与频率滤波有直接对应关系;另一方面,用频率分量来分析图像增强的原理比较直观。所以在频域设计滤波器相对方便,实际上许多空域增强技术是借助频域原理来分析和设计的[2-5]。

频域图像增强技术与空域图像增强技术还是存在较大的区别:频域图像增强技术只是基于图像中部分像素的性质,而空域图像增强技术需要利用图像中所有像素的数据。因此,图像频谱具有全局的性质。然而,一方面由于频域图像增强技术不是逐个像素进行处理,不如空域图像增强技术直接;另一方面,空域滤波在具体硬件设计实现上存在一些优点:在空域中只要使用较小的滤波器就可以取得与频域中需要使用较大的滤波器取得相似的滤波效果,并且在空域中的计算量可能反而更小[2-5]。

人工智能图像增强技术与基于先验信息的图像增强方法相似,都是通过构建人工神经网络,并对其进行训练,由单幅图像输出透射图及背景光照图,并将投射图、背景光照图、原始图像基于水下成像模型,还原出清晰的增强图像。基于人工智能的图像增强算法是现有图像增强方法中性能优异的一类处理方法。然而,由于模型训练过程中参考水下图像的缺乏,极大地限制了人工智能方法在水下图像增强处理方面的应用。该类图像增强处理方法目前尚处于起步阶段,未来有较大的提升空间[3]。

1.2.3 水下图像增强研究现状

水下目标识别过程一般包括水下图像预处理、图像分割、特征提取和目标识别四个部分。水下图像增强是水下图像预处理环节的重要组成部分,目的在于提高图像的对比度,突出图像感兴趣区域的特征,整体提高图像质量和视觉效果。然而,由于水下环境和结构的复杂性,导致数字相机获取的水下原始图像降质严重。水下环境中悬浮颗粒的存在、人工光源的引入,以及水下光线的强吸收、强散射等,导致水下光学图像会出现非均匀亮度、信噪比低、动态范围窄、颜色失真等特性的降质现象。水下降质图像的特性严重影响到后续图像分割、特征提取和目标识别环节的准确性。

近年来,研究人员提出了许多图像增强和图像去雾算法[77-78]。Pizer 等人[79]提出了自适应直方图均衡(adaptive histogram equalization, AHE)方法,其算法使用从邻域推导的变换函数对每个像素进行变换。该方法用于增强图像局部区域的对比度。Kim[80]提出了亮度保持双边直方图均衡(brightness preserving bi-histogram equalization, BBHE)方法。该方法首先对图像进行分解,然后对分解图像分量在原始图像亮度均值附近进行均衡化处理,能有效地保持原始图像的平均亮度。Reza[81]提出了对比度受限自适应直方图均衡(CLAHE)算法,通过对比度限制来抑制噪声过度放大,解决了 AHE 算法存在的主要缺

8

陷。Demirel 和 Anbarjafari[82]提出了逆离散小波分解（inverse discrete wavelet transform，IDWT）方法。该方法首先通过离散小波分解法（discrete warelet transform，DWT）对图像分解，得到若干子图像；然后对高频子带和原始图像进行插值，并对插值系数进行平稳小波变换修正；最后将所有这些子图像组合生成增强图像。Deng[83]提出了广义非锐化掩蔽（generalized upsharp masking，GUM）方法，以探索性数据模型为框架来提高图像清晰度。该方法能同时增强图像的对比度和锐度，并消除光晕效应。Fu 等人[84]提出了一种基于概率（probability-based，PB）的方法。该方法通过在线性区域中对光照和反射率评估来实现图像增强。然而，经典的图像增强算法不能有效处理水下图像的退化问题。其主要原因是，将经典的图像增强算法直接应用于退化的水下图像，往往忽略了水下图像退化程度随目标与摄像机之间距离变化的客观事实。上面经典图像增强算法的概况如表 1.1 所列[22]。

表 1.1　经典图像增强算法概况

算法	优点	缺点
AHE[79]	简单易行，且存在可逆算子	在图像相关区域，噪声也会被过度增强
BBHE[80]	在对比度增强的同时，图像的亮度信息被很好保持，不会受到影响	相比于传统的直方图均衡算法，需要更复杂的硬件支撑
CLAHE[81]	计算复杂度低，避免了噪声放大	在角落或边界区域，像素映射存在局限性
IDWT[82]	相比其他插值运算，很好保持了锐化边缘	在特定环境下，算法受限
GUM[83]	解决了动态范围和光晕问题，强化了对比度和图像边缘，削弱了重缩放进程	边缘保持效果一般，只适合大气环境中的图像处理
PB[84]	通过采用快速傅里叶变换，可提升运算效率，避免了大规模的转置矩阵运算，保证了收敛效率	不能通过拉伸动态范围增强图像的对比度

为了应对多雾天气状况，研究人员提出了许多基于单幅图像的图像去雾算法。Fattal[85]开发了一种基于最小输入的有雾场景光学透射率估计方法，但是当信噪比不足或图像核心区域的乘性变化不足时，该方法可能会失效。此外，Fattal[86]还提出了一种利用颜色线像素正则化的单幅图像去雾算法。为了进一步解决孤立像素的透射率问题，Fattal 进而提出了一种增广高斯-马尔可夫算法随机场模型。He 等人[73]论证了一种有用且有效的单幅图像去噪方法，称为"暗通道先验"。因为该方法基于统计数据，在某些物理场景（如对象的亮度与背景的亮度相似）中可能会失效。Tan[87]提出了一种在恶劣天气或浑浊的水下环境中，基于单幅图像能见度增强方法。该方法不需要几何结构或用户信息交互。Gao 等人[88]和 Wang 等人[89]扩展和改进了 He 等人的方法，并取得了令人满意的图像增强结果。Ancuti C. O. 和 Ancuti C.[90]采用了单幅图像多尺度/像素融合方法，以增强恶劣天气下拍摄的有雾图像的可见度。

近年来，深度学习方法已成为许多领域最先进的解决方案，并表现出了良好的性能。Ling 等人[91]首先提出了一种用于单幅图像去雾的深度学习网络。该方法通过深度传输网络（deep transfer network，DTN）同时处理 RGB 信道和局部细节信息，DTN 能够自动检测和处理雾霾相关特征。同时，他们认为 RGB 通道的信息比雾霾估计更有用。Cai 等人[92]实现了一个名为"去雾网络"的介质透射率估计的端到端系统。该系统利用卷积神经网

9

络输出介质透射率图像,实现单幅图像去雾,并取得了良好的性能。

上面描述的单幅图像去雾方法在大气图像中显示出一些优势,但是在水下场景中使用这些方法仍然存在一些局限性。由于水下成像的特性和光照条件与地面成像的机理不同,因此直接借鉴大气图像处理算法增强和恢复水下图像效果较差。对于水下图像,这些单幅图像去雾算法的假设和先验条件往往不满足,所以很容易造成算法失败。上面单幅图像去雾算法概况如表1.2所列[22]。

表1.2 单幅图像去雾算法概况

算法	优点	缺点
Fattal[85]	局部不相关,鲁棒性强	当信噪比不足或图像的核心区域的乘性变量不足时,该方法可能会失效
Fattal[86]	全局准确性高,宽范围耦合	当大气光接近天空颜色时,算法存在局限性
He 等[87]	基于统计资料,模型简单	对于某些物理上无效的场景,暗通道估值错误,算法失效
Tan 等[88-89]	既不需要几何结构,也不需要用户介入	存在光晕效应,有时不能保证全局最优化
Ancuti 等[90]	因为使用了高效的前置像素计算,所以计算复杂度低,准确率高	在处理彩色图像时,存在局限性

近年来,由于单幅图像去雾技术的局限性,研究者开始关注专门针对水下图像的增强和恢复方法。Chiang 和 Chen[93]通过结合带波长补偿(wavelength compensation and dehazing,WCID)方法和去雾方法实现水下图像增强。该方法可以同时进行图像去雾和颜色恢复。与暗通道先验法相比,该方法能得到更准确的景深估计。其根据对不同波长光线衰减率的估计,进行相应的反向补偿,从而恢复原始图像颜色。然而,海水中的盐度和悬浮颗粒物降低了光能损失估算的准确性,影响了该方法的有效性。

Zhao 等人[8]提出了一种基于实时和精确测量的从背景颜色和恢复的水下图像中计算水下场景固有光学特性的方法。Serikawa 和 Lu[94]通过补偿沿传播路径的波长衰减,实现了联合三边滤波器,可以消除水下图像中的光线散射和颜色失真。然而,该方法没有考虑人工光源对于水下探测图像的影响。Ancuti 等人[95]利用融合原理,开发了一种新的水下图像和视频视觉质量恢复方法。该方法具有良好的去雾性能,但仍存在人工光源的问题。Carlevaris Bianco 等人[96]提出了一个简单的先验,即先利用 RGB 颜色波长衰减的显著差异来估计景深,然后利用景深信息来增强水下光学图像。Lu 等人[97]研究了一种物理水下暗通道先验方法,开发了一种基于颜色线的环境光估计和加权引导域滤波器来补偿水下图像。Li 等人[38]提出了一种基于最小信息损失和直方图分布先验的水下图像对比度增强方法。

随着深度学习方法的不断发展[98],深度神经网络已被应用于水下图像去雾领域。Li 等人[40]第一次尝试使用深度神经网络对水下图像去雾。该方法将归一化图像和物理光谱特征校正相结合,提高了高浑浊度水下图像的能见度,取得了良好的去雾效果。同时,由于该方法考虑了图像的光照特性,所以可以同时恢复色彩。然而,该方法对低光照条件下拍摄的图像增强性能较差,而且不能完全去除噪声。水下图像去噪算法概况如表1.3所列[22]。

此外,一些研究人员使用多幅图像去雾方法[99-100]或专用硬件设备[101]来增强水下光学图像的对比度。尽管这些方法对水下光学图像的增强有一定的效果,但仍然存在一些亟需解决的问题,这可能会降低这些方法的适用性。例如:在上述方法中使用的水下摄像机可能会非常昂贵和复杂。此外,对同一场景使用多个图像的方法可能会对图像获取提出很大的挑战。

表 1.3　水下图像去噪算法概况

算法	优点	缺点
Chiang 等[93]	同时进行去噪与颜色恢复,具有很好的增强与恢复效果	对于高盐度和浑浊场景图像,准确度下降
Serikawa 等[94]	使用窄空间窗口,实现边缘保持,适合实时水下图像处理系统	忽略了人工光源的影响
Ancuti 等[95]	去噪效果好	忽略了人工光源的影响
Calevaris 等[96]	充分揭示图像细节信息,并能估计图像景深	会导致背景过度曝光,且忽略了人工光源的影响
Lu 等[97]	使用拉普拉斯抠图,计算复杂度低,能保持边缘,有效去噪	对于增加的浑浊沉积物图像,算法显得无能为力,且只能去除散射雾噪声
Li 等[38]	同时进行去噪与对比度增强	在低亮度环境中,去噪效果一般,且不能去除全部噪声

综合分析以上方法可知,虽然目前水下图像增强研究领域已经取得了一些进展,但这些方法仍然存在一些不足,如下:

(1)现有的水下图像增强方法,对于水下降质光学图像的特性,缺乏明确的数学定义与准确的参数描述。实践中,较多的图像特性判断,往往主要是基于实验人员主观,而非客观的评价指标参数。

(2)现有方法往往针对水下图像的某种退化现象进行处理。例如:仅增强图像的对比度,或者修正其颜色偏差,或者去除噪声的影响。经过增强图像处理,图像的清晰度确实提升了,但是增强图像对于原始图像,已经相去甚远,两者之间的误差非常明显。此外,增强图像的亮度、对比度、信息熵、色彩等尺度指标的连续调节,几乎很难实现。

(3)基于非物理模型方法,往往会忽略水下成像的光学属性,极易引入颜色偏差、光晕和伪影,增强的光学图像容易产生过饱和或者欠饱和区域。基于物理模型的方法,存在假设条件和先验知识局限性大的不足,设计的水下成像数学模型不够准确,模型参数估计算法复杂,人造光源产生的光斑不易移除,颜色算法效果不理想等问题。

(4)现有水下图像增强研究,大多借鉴大气环境中图像增强算法对水下图像进行增强处理,没有充分考虑大气环境中图像增强与水下图像增强在参照标准方面存在的本质差异。大气环境中的实际清晰标准图像在条件满足时是可以获取的,而水下环境中的实际清晰标准图像几乎不可能获取。因此,直接将大气环境中的图像增强算法移植到水下图像增强领域,必然存在本质上的缺陷。

1.2.4　水下图像增强研究的发展趋势

(1)针对不同的工程应用需求,采取基于物理模型与非物理模型相结合的方法。对

11

于图像显示,要求光照适中、颜色自然、视觉舒适,可以采取基于物理模型的方法进行图像恢复;对于进一步图像分析、特征识别,则要求对比度高、纹理清晰、色彩真实,可以采取非物理模型方法进行图像增强。

(2) 引入仿生视觉机理解决复杂水环境下图像增强与目标检测问题。模拟生物复眼成像到大脑中心信息判断过程中的信息获取、压缩感知和融合机制,发挥生物视觉感知目标的敏感性机理机制的优势,实现从复眼的成像到神经元阵列信息观测计算的过渡,实现复杂水环境下图像增强与目标跟踪检测。

(3) 构建大数据背景下水下图像数据库,采用基于深度学习的理论,对采集的水下图像进行图像去噪和超分辨率重建,进一步增强图像细节,满足人眼视觉需求,实现复杂水环境下退化图像的图像增强。

综上所述,本书的研究方向出发点,如下:

(1) 构建水下降质光学图像增强方法的闭环系统,从降质图像特性的判断出发,到降质图像增强处理,再到增强图像质量指标结束。降质图像特性指标的作用在于分析判断降质特性的类别与量值,增强图像质量指标的意义在于评估增强算法的性能和效率。

(2) 没有一种算法能解决所有场景中的水下图像增强问题,通常研究人员采用不同的方法从不同的侧面试图解决水下图像增强某一方面的问题。本书试图解决水下降质光学图像非均匀亮度、信噪比低、动态范围窄、颜色失真等四类特性问题,这对应于降质图像图像恢复问题。

(3) 在图像增强阶段,为了满足不同对比度、信息熵、色彩尺度等的调节需求,需要模拟人类视觉感知系统的生理机制,实现图像视觉质量尺度参数的连续调节。本书在梯度自适应增益的基础上进行了拓展,提出梯度域自适应增益连续调整动态模型。

(4) 在水下降质光学图像特性数学定义和参数描述方面的研究明显不足。本书构建水下降质光学图像特性判断尺度指标体系,试图刻画水下降质光学图像特性的定义与度量,为降质图像特性恢复融合与图像恢复效果提供数学支撑。

1.3 本书的主要研究内容

本书以水下降质光学图像为研究对象,提出了图像增强的系统方案,研究了图像增强的关键技术。本书的研究重点,主要围绕水下降质光学图像的降质特性与应用场景两个方面展开。对于降质特性,侧重于理论研究;对于应用场景,侧重于构建场景主导、多种特性并存、增强算法统筹安排的应用研究方案。

本书根据水下光学图像的降质特性与应用场景,展开算法分类与实验拓展相交叉进行研究。按照降质特性进行章节安排,按照应用场景对降质特性图像进行综合考量,进行含有多种特性图像增强实验。在检测目标成像环境中,辅助光源的介入,会产生非均匀光场场景,造成水下光学图像非均匀亮度的降质特性。不同波长的光线在水下传播时,具有不同的衰减率,直接导致水下光学图像颜色失真的降质特性。溶解在水中的有机物质以及微小的悬浮颗粒,会导致水下光学图像普遍具有较大的噪声干扰,从而使图像纹理细节信息丢失,造成图像信噪比低和动态范围窄降质特性。因此,对于辅助光源场景下的水下光学图像,会同时存在非均匀亮度、信噪比低、动态范围窄等降质特性;对于太阳光照场景下的水下光学图像,由于受到水下光线衰减的显著影响,会同时存在颜色失真、非均匀亮度、信噪比低、动态范围窄等降质特性。

本书构建了水下降质光学图像的恢复与增强相结合的系统方法,研究了人类视觉感知系统的生理机理以及信息加工机制,并探讨了降质图像特性描述和度量方法。本书根据工程实际应用场景,针对存在上述四类特性问题的水下降质图像,进行水下降质图像增强算法与应用研究。对于四类降质特性的水下降质光学图像增强,提出非均匀亮度问题应优先考虑,匀光处理以图像中等亮度光照带为参照,通过对偏亮和偏暗区域修正来实现,会降低图像的对比度。这样对于其他三类降质特性的降质现象处理,三者之间会相互促进,相得益彰;并且均会提升图像的对比度。本书提出的水下降质光学图像增强系统架构,为实现水下降质光学图像准确、高效增强处理奠定了必要的基础。

本书主要包括以下几部分内容:首先,提出一种水下降质光学图像特性判断的参数标准,明确刻画了图像特性的定义与度量,为水下降质光学图像增强效果的评估提供了理论依据。其次,单一特性水下降质光学图像增强方法,将水下降质光学图像增强按照四类降质特性展开,具体如下:第一,在分析水下图像降质成因,已有的水下图像增强算法存在不足的基础上,提出四种旨在改善图像质量和视觉效果的水下图像增强算法;第二,对于借助辅助光源成像的水下图像,存在非均匀亮度特性,提出改进暗通道先验非均匀亮度水下图像增强算法;第三,对于信噪比低的水下降质光学图像,提出优化透射率信噪比低水下降质光学图像增强算法;第四,对于动态范围窄的水下降质光学图像,提出仿生视觉retinex模型动态范围窄水下降质光学图像增强算法;第五,对于颜色失真的水下降质光学图像,提出对比度受限自适应直方图均衡颜色失真水下降质光学图像增强算法;第六,在算法研究的基础上,针对存在上述四类实际降质特性的降质特性进行了实验研究;第七,对于仿真实验结果,采用主观评估与客观参数评价相结合的方法,进行增强质量综合评估;第八,在综合考虑图像亮度均值(mean)、对比度(contrast)、信息熵(entropy)、色彩尺度(colorfulness metric,CM)、均方误差(mean square error,MSE)和峰值信噪比(peak sign-to-noise radio,PSNR)的情况下,充分挖掘水下图像信息量。再次,多种特性水下降质光学图像增强方法研究。对于多种特性水下降质光学图像,可能存在四类特性中的两类或者以上特性问题进行了研究。最后,开展了四类降质特性的水下降质光学图像增强实验,包括存在单一特性的降质图像增强、以及综合存在多种特性的降质图像增强实验。

本书开展了水下降质光学图像增强方法研究,在水下降质光学图像增强研究领域实现了三个方面有益的探索:第一,提出了一种水下降质光学图像特性判断的参数指标,明确刻画了水下降质光学图像特性的定义与度量,为水下降质光学图像增强效果的评估提供了理论依据。水下降质光学图像特性的参数描述,既丰富了水下图像视觉质量的评价内涵,也拓展了水下光学图像增强处理质量提升评价参数的多元化。第二,提出了一种基于广义有界对数运算模型的彩色空间增强图像对比度、信息熵等尺度指标连续调节方法。第三,提出了一种基于线性变换与非线性变换相结合的彩色空间图像融合算法,能有效调节融合图像的亮度均值,获取比单一颜色空间CLAHE算法更高的图像对比度、信息熵和色彩尺度。

本书的主要研究内容框架如图1.3所示。

图 1.3 本书的主要研究内容框架图

1.4 本书的组织结构

本书的组织结构,如下:

第一章绪论。阐述了本书的研究背景、研究意义及其应用价值,介绍了水下降质光学图像增强研究现状和发展趋势,概述本书的主要研究内容和组织结构。

第二章提出了水下降质光学特性判断与增强方法。具体包括水下降质光学图像四类特性判断及增强策略、单一特性的水下降质光学图像增强方法,以及多种特性的水下降质光学图像增强方法。受虾类复眼视觉系统对环境感知的敏感机理启迪,借鉴人类推理认知未知世界信息加工机制,以仿生技术为手段,开展图像增强问题的研究。在图像增强阶段,采用梯度域广义有界对数运算来实现恢复图像对比度、信息熵等尺度参数的连续调节。实际上是模仿复眼及人类视觉感知系统的生理机理,主动调节视觉感知神经主体,实现对观测物体由远及近观察的处理机制。为了对图像恢复和图像增强结果进行有效评估,引入了图像质量评价指标,包括主观评价要素指标与客观评价尺度参数两类方法。

第三章改进暗通道先验非均匀亮度图像增强。针对辅助光源条件下获取的非均匀亮

14

度、低对比度的水下降质图像,提出了一种改进暗通道先验非均匀亮度水下图像增强算法。在实际场景中,辅助光源条件除了会带来图像非均匀亮度,还可能会带来图像信噪比低、动态范围窄等降质现象,从而导致多种特性降质光学图像的产生。在分析水下目标图像非均匀光照现象产生背景的基础上,提出非均匀亮度图像匀光修正算法。在分析复杂水环境下低对比度目标图像与退化的户外有雾图像之间存在深刻相似性的基础上,提出改进暗通道先验和导引滤波算法,对经匀光处理的水下图像进行去噪处理。从而提出了梯度图像与恢复图像的广义有界对数运算增强算法。对两幅水下非均匀亮度、低对比度的大坝裂缝图像(中裂缝图,小裂缝图)进行了实验研究。实验结果表明,该暗通道先验非均匀亮度水下图像增强算法能够对非均匀亮度图像进行匀光处理,提高水下降质图像的清晰度。考虑到辅助光源场景下的水下光学图像,会同时存在非均匀亮度、信噪比低、动态范围窄等降质特性,因此本章还开展了包括非均匀亮度的多种特性水下降质光学图像增强研究。

第四章优化透射率信噪比低图像增强。针对低信噪比、低对比度的水下降质图像,提出了一种优化透射率信噪比低水下降质光学图像增强算法。从水下目标光学成像模型出发,分析了从观测图像反演推导全局背景光照向量、透射率向量,进而计算目标真实图像的算法。综合考虑恢复图像对比度与信息损失最小两方面的因素,通过最小化全局成本函数,计算优化透射率。从而提出了在不同颜色空间梯度图像与恢复图像的广义有界对数运算图像增强算法。对两幅低信噪比、低对比度的水下降质图像(边坡图,diver 图)进行了实验研究。该实验结果表明,本方法能有效去除噪声干扰,减小图像信息损失,提高图像对比度。

第五章仿生视觉 retinex 模型动态范围窄图像增强。针对动态范围窄、对比度低的水下降质图像,提出了一种基于仿生视觉感知 retinex 模型双重滤波(高斯滤波和导引滤波)水下图像增强算法。在分析传统 MSRCR 算法可调参数过多、算法复杂性高,不利于自动化实现的基础上,提出了在图像均值和均方误差的基础上,引入控制图像动态范围参数,实现图像对比度无色偏的调节算法,提出了滤波处理梯度图像与恢复图像的广义有界对数运算图像增强算法。对两幅动态范围窄、对比度低的水下降质图像(边坡图,diver 图)进行了实验研究。该实验结果表明,该算法能实现图像动态范围调整,图像细节增强效果明显。

第六章对比度受限自适应直方图均衡颜色失真图像增强。针对颜色失真、低对比度的水下降质图像,提出了一种对比度受限自适应直方图均衡颜色失真水下降质光学图像增强算法。在实际场景中,水体对于光线的吸收和散射,除了会带来图像颜色失真,还可能会带来图像非均匀亮度、信噪比低、动态范围窄等降质现象,从而导致多种特性降质光学图像的产生。在分析 CLAHE 算法在像素值剪切导致的图像细节失真,以及不能调节增强图像亮等问题的基础上,提出先将原始 RGB 图像进行线性转换和非线性转换,转换至 YIQ 颜色空间和 HSI 颜色空间,在这两个颜色空间中仅对亮度值进行 CLAHE 增强处理;然后将增强图像应用欧几里得范数进行像素级融合。从而提出了在不同颜色空间欧几里得图像融合、梯度图像与恢复图像的广义有界对数运算图像增强算法。对两幅颜色失真、对比度低的水下降质图像(边坡图、brick wall 图)进行了实验研究。该实验结果表明,该算法一方面能调节融合增强图像的亮度、恢复图像颜色,另一方面能调节增强融合图像的对比度。考虑到太阳光照场景下的水下光学图像,由于受到水下光线衰减的显著影响,会同时存在颜色失真、非均匀亮度、信噪比低、动态范围窄等降质特性,因此本章还开展了包括颜色失真在内的多种特性水下降质光学图像增强研究。

　　需要特别说明:在第三章和第六章,分别开展了基于辅助光源和太阳光照两种场景下多种特性水下降质光学图像增强实验。3.6节研究非均匀光场条件下的含有其他特性图像增强,增强实验中的中裂缝图像是辅助光源场景下存在非均匀亮度,以及存在信噪比低、动态范围窄等多种特性的降质图像。6.6节研究含有颜色失真的多种特性图像增强,增强实验中的边坡图像是太阳光照场景下存在颜色失真,以及还存在非均匀亮度、信噪比低、动态范围窄等多种特性的降质图像。在这两个场景下的图像增强研究中,完成了多种特性水下降质光学图像增强算法流程的全部步骤:从水下降质光学图像特性判断,到图像增强实验,再到增强结果评估全过程。多种特性水下降质光学图像增强实验结果表明,本书提出的多种特性水下降质光学图像增强算法科学合理,切实可行。在第三章~第六章的实验部分,既分门别类地解决了水下降质光学图像单一类特性存在的基础性问题,又解决了基于辅助光源和太阳光照两个场景下含有多种特性水下降质光学图像增强的综合性问题;通过翔实的实验数据和图表,验证了水下降质光学图像增强方法在理论研究和工程实践方面的实际应用价值。

　　第七章总结与展望。总结本书主要研究工作和创新点,展望接下来研究需要开展的有关工作。

第二章 水下降质光学图像
特性判断与增强策略

　　水下环境和结构的复杂性,导致数字相机获取的水下光学图像降质严重。水下降质光学图像的对比度普遍偏低,具体表现为非均匀亮度、信噪比低、动态范围窄、颜色失真等。这些降质个性特性严重影响到后面图像分割、特征提取和目标识别环节的准确性。本章主要提出了水下降质光学图像特性判断及增强策略、单一特性的水下降质光学图像增强方法,以及不同应用场景下含有多种特性的水下降质光学图像增强方法。此外,本章还介绍了水下图像增强评价指标。

　　本章 2.1 节提出了水下降质光学图像特性判断及增强方法。2.2 节针对单一特性的水下降质光学图像,提出了图像恢复与图像增强相结合的图像增强方法。2.3 节提出了针对多种特性水下降质光学图像增强方法。2.4 节介绍了水下降质光学图像增强算法的开发环境。2.5 节介绍了水下图像增强的质量评价方法,主要是对经过恢复和增强处理的图像进行有效评估,包括主观评价方法和客观评价方法两类。

2.1　水下降质光学图像特性判断及增强方法

　　对于水下降质光学图像的增强处理,应该按照以下步骤进行:首先,判断输入的水下光学图像是否为降质图像,以及存在哪些降质特性;其次,针对图像具体的降质特性进行增强处理;最后,根据工程应用的评价指标,对增强图像的尺度参数进行评估。只有满足工程应用需求指标要求的增强图像,才是有效的图像增强结果。否则,可能需要重新调整图像增强处理算法中的步骤或者有关参数。

2.1.1　水下降质光学图像特性判断

　　水下成像环境的复杂性,导致水下光学图像降质严重。辅助光源的介入,会产生非均匀光场场景,造成水下光学图像非均匀亮度的降质特性。不同波长的光线在水下传播时,具有不同的衰减率,会直接导致水下光学图像颜色失真的降质特性。溶解在水中的有机物质以及微小的悬浮颗粒,会导致水下光学图像普遍具有较大的噪声干扰、图像纹理细节信息丢失,造成图像信噪比低和动态范围窄的降质特性。

　　本书仅对存在非均匀亮度、信噪比低、动态范围窄、颜色失真四类主要特性的水下降质光学图像进行增强处理。因此,首先需要对降质水下光学图像的这四类特性进行判断。

1. 非均匀亮度特性判断

　　水下图像非均匀亮度现象产生的根源,是辅助光源场景所引起的非均匀光场。实际上,即使是在大气环境中,绝对的均匀光场也是很难实现的。在水下目标探测图像获取过程中,光学图像非均匀亮度现象普遍存在,并且非均匀亮度现象的严重程度存在一些明显的差异。

有些非均匀亮度现象不是很明显,在图像预处理环节可以不予考虑,这种现象称为轻度非均匀亮度。有些非均匀亮度现象非常明显,直接通过肉眼就能察觉,其中心区域很亮,而边缘区域很暗,这种现象称为重度非均匀亮度。介于轻度与重度之间的非均匀亮度现象,称为中度非均匀亮度。中度和重度非均匀亮度图像的纹理细节被淹没,导致图像细节信息提取困难,所以必须进行匀光处理,这两类图像也称为存在非均匀亮度特性的图像。

对于存在非均匀亮度现象的原始图像,通过对径向扩散光圈层有关参数的分析,可以进行如下的非均匀亮度程度的准确划分:

首先,拟合光照强弱分布图。通过原始图像与滤波掩模的二维卷积实现空间线性滤波,对原始图像进行模糊处理,拟合出光照强弱分布图。

其次,设置灰度阈值,根据阈值将光照分布图从最亮区域到最暗区域均匀分割为若干个像素带。将像素带进行归一化处理,设置光照最亮到光照最暗之间的均匀灰度间隔,并划分为奇数个像素带,一般表现为由光照最强点向周围的径向扩散光圈层。像素带划分的数量,一般以 11~15 为宜,这样既能保证光照最亮到光照最暗之间的差异,又不会带来太大的运算量。

最后,根据径向扩散光圈层,计算光照最强光圈层亮度 $L_{brightest}$ 与光照最弱光圈层亮度 $L_{darkest}$ 之间的差值,光圈层最大亮度差 $L_{difference}$:

$$L_{difference} = L_{brightest} - L_{darkest} \qquad (2.1)$$

式中:$0 \leqslant L_{darkest} \leqslant L_{brightest} \leqslant 255$;$L_{difference}$ 的大小是判断图像非均匀亮度程度的指标。图像非均匀亮度程度的判断标准为

$$L_{difference} = \begin{cases} [0, 64), & 轻度非均匀亮度 \\ [64, 127), & 中度非均匀亮度 \\ [128, 255], & 重度非均匀亮度 \end{cases} \qquad (2.2)$$

太阳光照场景相较于辅助光源场景,太阳光照场景的图像非均匀亮度程度相对较轻。另外,在实践中,对于图像非均匀亮度程度的划分,可以根据应用精度要求予以适当调整。

2. 信噪比低特性判断

水下目标降质图像中的噪声主要由水中悬浮颗粒和溶解的化学物质所引起,视觉传感器探测到的图像,实际上是目标真实景象与噪声景象叠加合成。光线在水体中传播时的散射和吸收作用,会引入前向散射和后向散射效应,这两者的共同作用,导致图像雾化现象严重,图像信噪比降低。

借鉴 L. K. Choi 无参考预测的感知雾密度与图像去雾算法[102],水下降质图像雾浓度计算步骤如下:

第一,将原始图像分割为 $P \times P$ 个图像块,计算每个图像块的平均特征值,得到由 d 个雾感知统计特征值。

第二,利用从测试雾图像中提取的雾感知统计特征相匹配拟合 MVG(multiple view geometry)模型,与从 500 幅自然无雾图像中提取的雾感知特征标称 MVG 模型之间的类 mahalanobis 距离测度,从而预测有雾图像的雾水平 D_f。

d 维 MVG 模型概率密度函数:

$$\text{MVG}(f) = \frac{1}{(2\pi)^{d/2} \left| \sum \right|^{1/2} \exp} \left[-\frac{1}{2} (f - v)^t \sum{}^{-1} (f - v) \right] \quad (2.3)$$

式中:f 为雾感知统计特征值向量;v 和 $\sum$ 分别表示统计特征值向量均值和 $d \times d$ 尺度协方差矩阵;$\left| \sum \right|$ 和 $\sum{}^{-1}$ 分别表示 MVG 模型密度协方差矩阵的行列式和逆矩阵,使用标准极大似然估计算法估计 v 和 $\sum$。

第三,应用类 mahalanobis 距离测度预测有雾图像的雾水平 D_f:

$$D_f(v_1, v_2, \sum{}_1, \sum{}_2) = \sqrt{(v_1 - v_2)^t \left(\frac{\sum_1 + \sum_2}{2} \right)^{-1} (v_1 - v_2)} \quad (2.4)$$

式中:v_1, v_2 和 $\sum_1, \sum_2$ 分别表示无雾语料库 MVG 模型和测试图像拟合 MVG 模型对应的均值向量和协方差矩阵。

类似地,测试有雾图像的无雾(fog-free)水平 D_{ff},也可以通过 MVG 模型拟合到从测试雾图像提取的雾感知统计特征和从 500 个自然雾图像的语料库中的标称 MVG 模型之间的距离进行估计。

第四,有雾图像的感知雾密度 D 表示为

$$D = \frac{D_f}{D_{ff} + 1} \quad (2.5)$$

其中:常数"1"用于避免当 D_{ff} 趋近 0 时,分母为零的情况发生;D 值越小,表示感知雾浓度越低,反之雾浓度越大。

满足以下条件的图像,即可认定为图像存在信噪比低的特性问题:

$$D > 0.6 \quad (2.6)$$

3. 动态范围窄特性判断

在实际应用中 8bit 数字照相机获取的光学数字图像,其动态范围局限在[0, 255],只能记录对象在极小范围内的灰度阶数与颜色数量,远远小于实际自然场景动态范围(最大 160dB)和人眼实际所能感知的动态范围(10 个数量级)。另外,由于受到水下光照条件的限制和水下噪声的干扰,数字照相机输出图像的动态范围会进一步缩小。水下目标探测图像动态范围不足,会对目标识别和信息提取带来较大的负面影响。

对于动态范围窄的特性问题,可以直接通过图像直方图进行判断。在直方图中,如果灰度值有效值范围为 8bit[0, 255]的有限覆盖范围,则可直接认定图像存在动态范围窄的特性。

对于图像灰度值有效值范围,可以通过图像灰度值最大 10% 的像素灰度均值与灰度值最小 10% 的像素灰度均值差值 $\text{Gray}_{\text{dynamic}}$ 计算得到。动态范围比率 G_{dynamic} 可以表示为

$$G_{\text{dynamic}} = \frac{\text{Gray}_{\text{dynamic}}}{255} \quad (2.7)$$

满足条件 $G_{\text{dynamic}} \leqslant 60\%$ 的图像,即可认定为图像存在动态范围窄的特性问题。

溶解在水中的有机物质以及微小的悬浮颗粒,会导致水下光学图像普遍存在较大的噪声干扰、图像纹理细节信息丢失,造成图像信噪比低和动态范围窄降质特性。降质图像的信噪比低和动态范围窄这两类特性,是一对相伴并存的孪生问题,噪声干扰(信噪比低)必然会伴随图像纹理细节信息丢失(动态范围窄)。

4. 颜色失真特性判断

水下图像色偏是指由于受到水下光线衰减的影响,而出现的某种颜色的色相、饱和度与真实的图像有明显的区别,这种现象称为图像颜色失真特性,而这种特性通常不是人们所期望的。颜色正常的图像,其 RGB 图像的 red、green、blue 三基色图像的直方图比较均衡,亮度均值、均方差也比较接近。

对于图像颜色失真的特性问题,可以直接通过 RGB 图像的三基色图像直方图对比进行判断。在三基色图像直方图中,如果一种颜色图像与其他颜色图像的亮度均值、均方差存在明显差异,则可认定图像存在颜色失真的特性。

不同波长的光线在水下传播时,具有不同的衰减率,这直接导致水下成像的颜色失真。一般情况下,光线的波长越短,在水中的穿透能力越强。在 RGB 颜色空间中,蓝光波长最短,绿光次之,红光最长;蓝光穿透力最强,绿光次之,红光最弱。因此,水下图像往往呈现典型的蓝色调或者绿色调。

水下图像颜色失真降质特性,主要是 red 基色褪化,green 基色基本正常,blue 基色正常。在直方图中,red 基色直方图整体偏左,像素值主要集中在低亮度区域;green 基色直方图相对偏左,像素值主要集中在偏低亮度区域;blue 基色直方图整体偏右,像素基本符合正态分布。颜色失真度 ϑ 可以表示为

$$\vartheta = \frac{\text{Mean}_{red}}{0.5 \times (\text{Mean}_{green} + \text{Mean}_{blue})} \tag{2.8}$$

其中: Mean_c 分别为三基色图像对应的亮度均值, $c \in \{red, green, blue\}$ 。

如果满足条件 $\vartheta \leqslant 0.75$,即可认定为图像存在颜色失真特性问题。

对于水下光学图像颜色失真的降质特性,在辅助光源和太阳光照场景下,呈现出不同的态势。由于辅助光源与探测目标距离较短,不同波长光线的衰减程度不明显,因此辅助光源场景下水下光学图像颜色失真的降质特性表现不明显。而在太阳光照场景下,水下光学图像颜色失真的降质特性表现尤其突出。

2.1.2　水下降质光学图像增强方法

本书研究存在非均匀亮度、信噪比低、动态范围窄、颜色失真四类特性问题的水下降质光学图像增强。对于不同应用场景中的水下降质光学图像,可能主要存在一类特性,也可能同时存在多类特性。因此,对于水下降质光学图像增强研究,可以分为单一特性水下降质光学图像增强和多种特性水下降质光学图像增强。单一特性是理想情况,多种特性是实际场景中的客观情况。

1. 单一特性水下降质光学图像增强方法

对于存在单一特性水下降质光学图像,增强方法相对比较简单。只需要针对相应的降质特性,先采用图像光学属性特征进行图像恢复,再采用梯度域自适应增益进行图像增强,即可获取降质图像对应的增强图像。

在对非均匀亮度、信噪比低、动态范围窄、颜色失真四类特性问题的水下降质光学图像增强处理时，梯度域自适应增益增强中的梯度图像来源，会稍有差异；对于非均匀亮度特征图像，梯度图像采用匀光处理恢复后的均匀光照图像，而其他三类特性图像的梯度图像均为原始降质图像。这是因为在非均匀亮度特征图像中，有些纹理细节已经掩没在了过亮或过暗的图像部分，不能有效提供完整的图像梯度信息。

2. 多种特性水下降质光学图像增强方法

对于多种特性水下降质光学图像，其特性是多方面的，可能存在非均匀亮度、信噪比低、动态范围窄、颜色失真四类特性中的两类或者两类以上特性问题。多种特性水下降质光学图像增强，必须明确这样的事实：有些特性只能用特定的方法解决，而有些特性在其他特性解决的过程中，也能得到部分或者全部解决。

对于非均匀亮度特性图像，必须通过非均匀亮度水下降质光学图像恢复的方法，才能有效解决。而其他三类特性问题，其图像恢复方法，具有相互促进的效果。

因此，对于综合存在非均匀亮度，以及其他特性的图像，必须首先解决非均匀亮度的特征问题，然后解决其他特性问题。对于信噪比低、动态范围窄、颜色失真三类特性问题，在解决其中一类问题后，可以判断其他问题是否依然存在；如果其他特性问题已经解决了，则无须进行特定的解决步骤；如果其他特性问题还没有解决，则需要实施有针对性的解决方案。

2.2　单一特性水下降质光学图像恢复与增强方法

水下降质光学图像，存在的特性问题是多方面的，包括非均匀亮度、信噪比低、动态范围窄、颜色失真等。有些降质图像，可能还会同时存在几种特性问题。对于水下降质光学图像的增强处理，许多学者开展了深入的研究工作，并且取得了非常多的研究成果，提供了翔实的理论实验资料，具有非常重要的参考价值。本书作者及其研究团队在水下降质光学图像增强处理方面的研究，是在借鉴前人研究成果的基础上开展的。

在分析水下降质光学图像产生的背景条件，并对已有水下降质光学图像增强算法研究的基础上，本课题的研究团队发现，现有水下降质光学图像增强的研究仍然存在以下问题。

（1）由水下目标的真实景象（原始清晰图像）到水下降质光学图像，降质过程中真实景象信息损失，降质过程是不可逆的。水下降质光学图像的增强算法，是对退化的水下图像进行清晰化处理，试图通过各种模型和方法探求降质图像到真实景象逆过程的实现途径。由降质图像到真实景象，这是一个不适定问题。增强算法不可能完全模拟图像降质的逆过程，增强算法的实际效果，往往是提高了图像的对比度，但降低了增强图像对真实景象的可信度。

（2）增强算法的物理模型或非物理模型本身存在局限性，不可能恢复降质过程的信息损失。有些增强算法可以提高水下降质图像某一方面的性能，但可能会引起图像其他性能指标的下降。降质图像的非均匀亮度、信噪比低、动态范围窄、颜色失真等特性问题，如果不能分别解决，则在增强图像中可能只是单纯地提高了图像的对比度，这些特性问题会在增强图像中继续存在，有些特性问题还可能会在对比度提升的同时被进一步放大。

（3）水下降质光学图像增强算法研究，相较于大气环境中图像增强算法，面临更加严峻的挑战。因为大气环境中的实际清晰标准图像在条件满足时是可能获取的，这为大气环境中的图像增强结果提供了对比参考的依据。然而，水下环境中的实际清晰标准图像几乎是不可能获取的，增强算法对比参考的依据也就无从谈起。因此，直接将大气环境中的图像增强算法移植到水下图像增强领域，必然存在本质上的缺陷。所以，对于水下降质光学图像增强，应该结合水下图像应用领域的实际，探索与之相适应的增强算法。

（4）没有一种算法能解决所有场景中的图像增强问题，对于水下降质光学图像增强领域，也是如此。另外，在水下降质光学图像增强应用过程中，研究人员往往会对增强图像的亮度、对比度、信息熵、色彩等尺度指标提出连续调节的需求，这对水下降质光学图像增强研究提出了新的要求。

本章提出了水下降质光学图像增强方法，对存在非均匀亮度、信噪比低、动态范围窄、颜色失真四类特性的水下降质图像开展了恢复与增强相结合的系统架构研究。水下降质光学图像增强的系统架构，包括图像恢复层和图像增强层两个层次。图像恢复层侧重点在于解决降质图像的特性问题，提升图像视觉质量；图像增强层侧重点在于提升恢复图像的对比度，同时提升增强图像的可信度，实现增强图像的亮度、对比度、信息熵、色彩等尺度指标连续调节的需求。系统架构的恢复图像，可以满足图像信息显示的基本需求。系统架构的增强图像，对于图像分割、特征提取和目标识别等水下目标识别与应用的研究，可以提供包含丰富信息的高质量图像。

图像恢复与图像增强相结合的水下图像增强算法，包括两个基本层次。第一层是图像光学属性特征图像恢复层：改进传统图像增强算法，提取原始图像光学属性特征，并进行图像恢复，主要解决降质图像的特性问题，实现降质图像到恢复图像的过渡。第二层是梯度域自适应增益增强层：提取图像梯度域边缘特征，应用广义有界对数运算模型，提高恢复图像的对比度，实现恢复图像到增强图像的过渡。

水下降质光学图像恢复与增强算法逻辑结构如图 2.1 所示。

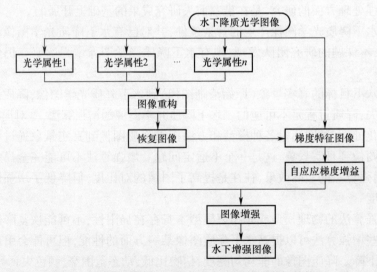

图 2.1　水下降质光学图像恢复与增强算法逻辑结构图

在图 2.1 中,从水下降质光学图像到恢复图像部分,是图像光学属性特征图像重构层;从恢复图像到增强图像部分是梯度域自适应增益图像增强层。根据不同的重构算法,从水下降质光学图像中提取的图像光学属性特征向量的数量,会有所不同。另外,梯度特征图像,从水下降质光学图像和恢复图像中提取,增加了增强图像对于原始降质图像的可信度。在梯度域自适应增益增强融合层,使用广义有界对数运算实现增强图像的亮度、对比度、信息熵、色彩等尺度指标连续调节。

在图像光学属性特征图像重构层,针对非均匀亮度、信噪比低、动态范围窄、颜色失真四类特性的水下降质图像,分别采用了四种不同的图像恢复算法。其具体包括:非均匀亮度水下降质光学图像恢复、信噪比低水下降质光学图像恢复、动态范围窄水下降质光学图像恢复和颜色失真水下降质光学图像恢复。

2.2.1 非均匀亮度水下降质光学图像恢复

在水下目标探测图像获取过程中,由于受到水下环境光照条件的限制,往往会借助辅助光源提供照明条件。由于辅助光源的引入,以及水体对光线的散射和吸收,光学成像设备获取的目标探测图像不可避免会产生非均匀亮度现象。图像的非均匀亮度现象会导致图像存在中心明亮区域和边缘黑暗区域,图像纹理细节被淹没。

针对非均匀亮度水下降质光学图像,提出了非均匀亮度水下降质光学图像光学属性特征图像恢复模型,包括非均匀亮度图像匀光处理,改进暗通道先验和导引滤波算法对经匀光处理的图像恢复处理。

在匀光处理算法部分。首先,对水下降质光学图像进行线性空间滤波,从灰度图像中拟合出光照强弱分布图;其次,进行阈值分割,将光照分布图从最亮区域到最暗区域均匀划分为若干像素带,最中间区域定义为正常区域,其余区域定义为问题区域,并将这些区域对应至原始水下降质光学图像;再次,分别计算水下降质光学图像各区域的光学属性特征(包括均值和标准差),以正常区域的光学属性特征为目标参数,对问题区域的原始图像像素带进行逐点匀光修正处理;最后,对匀光处理图像进行噪声抑制处理。

经过匀光处理算法,非均匀亮度水下降质光学图像的均匀光照效果显著。但是,匀光处理图像对比度明显下降。因为,匀光图像的对比度与均匀光效果呈现相反的发展趋势,即匀光光圈数量越多,最亮区域与最暗区域差异越小,但匀光图像的对比度也越低。

为了保证恢复图像的对比度尽量达到原始降质图像的水平,在匀光处理算法之后,增加了改进暗通道先验算法。在改进暗通道先验算法中,对透射率计算的改进如下:首先,通过分析暗通道值与背景光照强度之间差值的绝对值大小判断该区域是否属于明亮区域;然后,引入导引滤波算法,导引滤波算法可以平滑图像纹理细节,并保持图像的边缘信息,且计算速度快。

在非均匀亮度水下降质光学图像恢复算法中,匀光处理光圈数量和去雾参数对于恢复图像的影响比较大,在实际应用中应根据原始水下降质光学图像的灰度值范围进行合理设置。

2.2.2 信噪比低水下降质光学图像恢复

水下目标降质图像中的噪声主要是由水中悬浮颗粒和溶解的化学物质所引起,水下目标视觉传感器获取的探测图像实际上是目标真实景象与噪声景象叠加合成。光线在水体中传播时的散射和吸收作用,会引入前向散射和后向散射效应,在这两种散射效应的共同作用下,水下目标探测图像信息下降严重,会对后面图像分割、特征提取和目标识别带来困难。其主要应用基于光学成像模型透射率优化理论,从观测图像中降低噪声干扰,提取目标真实景象。

基于光学成像模型透射率优化理论与暗通道先验理论,本质上都是基于探测目标的光学成像模型。但两者在全局背景光照向量与透射率估计方面,所使用的方法存在差异:基于光学成像模型透射率优化理论,采用 1/4 树形分支法进行全局背景光照向量估计;对于介质透射率估计,分两步进行,如下:

第一步介质透射率估计(分块),透射率粗略估计;第二步介质透射率再定义(平滑),透射率精确估计。

全局背景光照向量的估计,基于在有雾区域,像素值的方差非常低的客观事实。采用 1/4 树形分支法进行全局背景光照向量估计,能够克服目标亮度大于背景亮度时背景光照向量估计不准确的问题。上面两个步骤实现的介质透射率估计,能够在恢复图像的对比度和观测图像的信息量损失两方面进行均衡处理。对于恢复图像的对比度和观测图像的信息量损失,在实际应用过程中,可以通过权重参数来控制对比度成本和信息损失成本。

2.2.3　动态范围窄水下降质光学图像恢复

实际应用中的 8bit 数字照相机获取的探测目标图像,只能记录有限范围的灰阶与颜色数,其动态范围只有两个数量级,远远小于常见的自然场景的动态范围及人眼所能感知的动态范围。另外,由于受到水下光照条件的限制和水下噪声的干扰,数字照相机输出图像的动态范围进一步缩小。水下目标探测图像动态范围不足的问题,对图像目标识别和信息提取具有较大的负面影响。

在研究 retinex 模型的基础上,针对水下图像对比度低、存在噪声干扰等特点,对传统 retinex 算法进行了改进,将 MSRCR 算法和广义有界对数运算(BGLR)相结合,提出基于双重滤波的仿生视觉 retinex 模型水下图像增强算法。

动态范围窄水下降质光学图像恢复算法包括两个步骤:第一步,对水下图像在 RGB 颜色空间进行 MSRCR 图像增强实验,获取不同图像动态范围参数 Dynamic 下的增强结果;第二步,在 HSI 颜色空间,以原始图像的亮度分量和 MSRCR 增强图像的亮度分量分别作为引导滤波算法的引导图像和输入图像,兼顾图像细节与图像整体效果,按照不同尺度实现引导滤波算法改进双重滤波 retinex 模型图像增强算法的增强图像,图像动态范围加宽、画面柔和、图像清晰度较高,并且忠实于原始图像。

2.2.4　颜色失真水下降质光学图像恢复

水下图像色偏是指由于受到水下光线衰减的影响,而出现的某种颜色的色相、饱和度与真实的图像有明显的区别,而这种区别通常不是人们所期望的。这里主要应用对比度受限自适应直方图均衡彩色空间信息融合算法,自适应协调原始图像 RGB 三通道的分量比重,使图像呈现出均衡的色彩分布,应用图像恢复与图像增强相结合的算法实现水下降质图像增强。

颜色失真水下降质光学图像恢复,采用自适应直方图均衡彩色空间信息融合,其应用步骤具体包括:第一,原始图像为 RGB 颜色空间图像,分别经过线性变换和非线性变换,转换到 YIQ 颜色空间和 HSI 颜色空间。在 YIQ 和 HSI 颜色空间中,颜色信息(色彩和饱和度)和亮度信息是分离的。第二,对亮度信息利用 CLAHE 算法增强对比,并保留图像的颜色信息。若原始图像中的 R、G、B 三个分量严重失调时,可以通过 RGB 颜色空间的 CLAHE 算法进行协调。利用 CLAHE 对 YIQ 图像中的照度分量(Y)进行增强,得到改进的照度分量(Y_1),定义为 CLAHE-YIQ 图像;利用 CLAHE 对 HSI 图像中的强度分量(I)进行增强,得到改进的强度分量(I_1),定义为 CLAHE-HSI 图像。第三,将增强后的图像由 YIQ 空间和 HSI 空间转换至 RGB 颜色空间,分别定义为 YIQ-RGB 和 HSI-RGB 图像。第四,将 YIQ-RGB 图像与 HSI-RGB 图像进行欧几里得范数融合。

颜色失真水下降质光学图像恢复中的 CLAHE-YIQ 图像和 CLAHE-HSI 图像,都能保留图像的色彩信息,也能增强图像的对比度。欧几里得范数融合系数(γ)能有效调节融合图像的亮度均值,弥补原始图像拍摄时存在的亮度过大或者亮度过小的问题,得到比 CLAHE-YIQ 图像和 CLAHE-HSI 图像更高的对比度、信息熵和色彩尺度。随着融合系数(γ)的增加,信息熵会出现峰值点,信息熵峰值点对应的融合系数(γ),可以作为理想的融合系数(γ)。

2.2.5 基于梯度域自适应增益模型图像增强

本书研究了具有复眼结构的生物可以凭借低分辨力和极有限视神经元阵列的视觉系统,在复杂多变的环境下,准确定位检测异常目标;人类视觉系统可以利用先验知识和目标特征推理并辨识出不确定目标身份,这与复杂水环境下目标识别过程中遇到的检测任务具有深刻的相似性和生物学上的合理性。因此,本书拟从新的视角,结合近年来本课题组在仿生视觉工程化模拟取得的初步研究成果和光学图像检测技术的研究基础上,构建了基于梯度域自适应增益模型,探索仿生感知机理的水下降质光学图像增强的理论与方法。

在图像恢复阶段,已经获取水下光学图像降质特性消除的恢复图像。实际上,在有些情况下,恢复图像的平均亮度、对比度、信息熵等还不能满足需要;另外,这些尺度参数也不能调整。在图像增强阶段,将采用梯度域的广义有界对数运算实现增强图像对比度、信息熵等尺度参数的连续调节,实际上是模仿复眼及人类视觉感知系统的生理机理,主动调节视觉感知神经主体,实现对观测物体由远及近观察的处理机制。

1. 梯度域自适应增益

传统的像素拉伸算法采用常数增益,导致图像在梯度平滑区域无法抑制噪声放大,在梯度突变的边缘区域又会出现光晕伪影。为了克服这些不足,本书采用自适应可调整增益函数代替常数增益,并且不同区域采用不同增益,抑制噪声放大且避免光晕伪影。

虽然点检测和线检测在图像分割中非常重要,但是边缘检测最常用的方法是检测图像亮度值的不连续性。亮度值的不连续性是通过一阶和二阶导数来检测的。在图像处理中,选择一阶导数来定义二维函数的梯度。二维函数 $f(i,j)$ 的梯度定义为向量[103]:

$$\nabla f = \begin{bmatrix} G_i \\ G_j \end{bmatrix} = \begin{bmatrix} \dfrac{\partial f}{\partial i} \\ \dfrac{\partial f}{\partial j} \end{bmatrix} \tag{2.9}$$

该向量的幅值为

$$\nabla f = \mathrm{mag}(\nabla f) = \sqrt{G_i^2 + G_j^2} = \sqrt{(\partial f / \partial i)^2 + (\partial f / \partial j)^2} \tag{2.10}$$

在实际应用中,通常将梯度的幅值定义为梯度。梯度向量的基本性质是它指向 f 在 (i,j) 坐标点最大变化率的方向,最大变化率出现时对应的角度为

$$\alpha(i,j) = \arctan\left(\frac{G_j}{G_i}\right) \tag{2.11}$$

梯度向量计算的关键问题之一是如何数字化地估计导数 G_i 和 G_j。边缘检测器种类很多,包括 sobel 边缘检测器、prewitt 边缘检测器、roberts 边缘检测器、laplacian of gaussian(LoG)边缘检测器、zero crossings 边缘检测器和 canny 边缘检测器等。

sobel 边缘检测器算子引入加权局部平均,通过判断在边缘点处是否达到极值实现边缘检测。算法的优点是实现简单,能有效抑制噪声;缺点是会出现伪边缘现象,并且定位精度偏低。在各种边缘检测器中,sobel 检测器是应用最广泛的边缘检测器。

这里,将原始的两方向 sobel 边缘检测器由两方向(0°和90°)扩展到四方向(0°,45°,90° 和135°),以便进一步增强抑制噪声能力[103]。四方向 Sobel 边缘检测器 3×3 掩模分别表示为

$$S_1 = \begin{pmatrix} -1 & 0 & 1 \\ -2 & 0 & 2 \\ -1 & 0 & 1 \end{pmatrix}, \ S_2 = \begin{pmatrix} 0 & 1 & 2 \\ -1 & 0 & 1 \\ -2 & -1 & 0 \end{pmatrix}, \ S_3 = \begin{pmatrix} 1 & 2 & 1 \\ 0 & 0 & 0 \\ -1 & -2 & -1 \end{pmatrix}, \ S_4 = \begin{pmatrix} 2 & 1 & 0 \\ 1 & 0 & -1 \\ 0 & -1 & -2 \end{pmatrix}$$
$$\tag{2.12}$$

假设 $Z(i,j)$ 表示像素点 (i,j) 的 3×3 图像领域,则 $Z(i,j)$ 可以表示为

$$Z(i,j) = \begin{pmatrix} z(i-1,j-1) & z(i-1,j) & z(i-1,j+1) \\ z(i,j-1) & z(i,j) & z(i,j+1) \\ z(i+1,j-1) & z(i+1,j) & z(i+1,j+1) \end{pmatrix} \tag{2.13}$$

式中: $z(i,j)$ 表示像素点 (i,j) 的灰度值。

在像素点 (i,j) 的四方向梯度向量可以表示为

$$G_k(i,j) = \sum_{m=0}^{2} \sum_{n=0}^{2} z(i+m-1,j+n-1) \times S_k(m,n), \ k=1,2,3,4 \tag{2.14}$$

二维图像函数 f 在像素点 (i,j) 的梯度幅值和归一化的梯度幅值分别定义为

$$g(i,j) = \sqrt{\sum_{k=1}^{4} G_k^2(i,j)} \tag{2.15}$$

$$g_n(i,j) = \frac{\log(g(i,j) + 1 + \delta_1)}{\log(\max(g(i,j)) + \delta_2)} \tag{2.16}$$

式中: δ_1 和 δ_2 为微小的扰动量,以确保 $g_n \in (0,1)$。g 和 g_n 分别表示二维图像函数 f 的梯度图像和归一化的梯度图像。

为了获取原始图像丰富的梯度信息,像素点 (i,j) 的自适应梯度增益[72]可以表示为

$$\lambda(i,j) = 2^{[a \times g_n(i,j)]} + b \qquad (2.17)$$

式中：a 和 b 是可调整正数,以获取同一像素点不同的增益值,适应不同对比度增强效果的需求。

二维图像函数 $f(i,j)$ 提供梯度域自适应增益值,用于下一步的广义有界对数运算。二维图像函数 $f(i,j)$ 可以是 RGB 图像的灰度图像,也可以是 RGB 图像某一通道图像,还可以是其他颜色空间中的亮度分量图像。

2. 广义有界对数运算模型

广义有界对数运算的输入函数为 $I(i,j)$,在图像增强领域方面表示待增强图像。广义有界对数运算的定义域和值域都在 $(0,1)$ 范围内,能有效避免运算越界的问题[104]。设二维图像函数定义为 $I(i,j)$,则归一化的图像函数表示为

$$I_n(i,j) = \frac{I(i,j) + 1 + \delta_3}{M + \delta_4} \qquad (2.18)$$

其中：δ_3 和 δ_4 为微小的扰动量,8bit 数字图像 $M = 256$。归一化的图像值 $x = I_n(i,j) \in (0,1)$, 先对 x 进行非线性变换,记 $p(x) = \dfrac{1-x}{x}$;再对 $p(x)$ 取对数变换可得非线性函数 $\phi(x)$ 和其对应的逆变换 $\phi^{-1}(x)$ 分别如式(2.19)和式(2.20)所示。

$$\phi(x) = \log[p(x)] = \log\left(\frac{1-x}{x}\right) \qquad (2.19)$$

$$\phi^{-1}(x) = \frac{1}{e^x + 1} \qquad (2.20)$$

这里,分别用 $\oplus$、$\odot$ 和 $\otimes$ 表示广义有界对数运算的加法、减法和乘法运算,分别定义如下：

$$x_1 \oplus x_2 = \phi^{-1}[\phi(x_1) + \phi(x_2)] = \frac{1}{p(x_1)p(x_2) + 1} \qquad (2.21)$$

$$x_1 \odot x_2 = \phi^{-1}[\phi(x_1) - \phi(x_2)] = \frac{1}{p(x_1)p(x_2)^{-1} + 1} \qquad (2.22)$$

$$x \otimes \lambda = \phi^{-1}[\lambda\phi(x)] = \frac{1}{p(x)^\lambda + 1} \qquad (2.23)$$

式中：x_1 和 x_2 分别表示两路图像输入信号；λ 表示像素点 (i,j) 的自适应梯度增益。一路图像输入信号与常数进行广义有界对数加法、减法、乘法运算特性如图 2.2 所示。

广义有界对数加法和减法互为逆运算。采用加法或减法运算进行图像亮度调节,采用乘法运算进行图像对比度增强处理。乘法运算在 $\lambda < 1$ 时,图像像素值整体上被压缩。乘法运算在 $\lambda \in (1,3)$ 时,对模型零值($x = 0.5$)附近的像素值进行拉伸处理,而对远离零值的像素值进行压缩处理,提高零值附近像素灰度值比重。乘法运算在 $\lambda > 3$ 时,图像像素值被过度拉伸,对比度过度增强,图像边缘锐化,增强图像呈现无景深、平面化、雕刻状,不能体现图像增强效果,属于无效增强。在进行对比度增强时,还应综合考虑图像信息熵、色彩尺度等因素,以实现图像整体视觉质量的提升。

对于梯度域自适应增益 $\lambda(i,j)$,它并不是一个常数,在不同的像素点有不同的取值。增强输出图像 $y(i,j)$ 与归一化输入图像 $x(i,j)$ 和梯度域自适应增益图像 $\lambda(i,j)$ 之间的

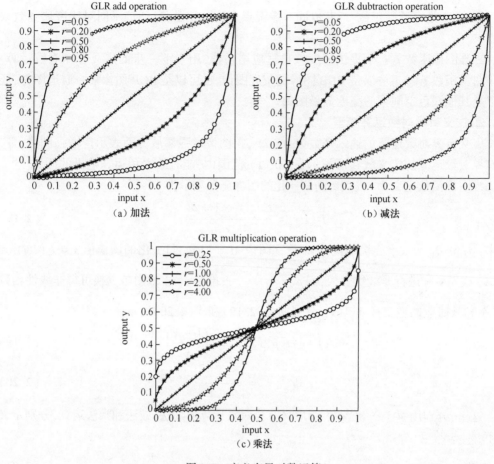

图 2.2　广义有界对数运算

关系可以表述为

$$y(i,j) = x(i,j) \otimes \lambda(i,j) = \phi^{-1}[\lambda(i,j)\phi(x(i,j))] = \frac{1}{p\ (x(i,j))^{\lambda(i,j)} + 1} \tag{2.24}$$

输出图像 $y(i,j)$ 与输入图像 $x(i,j)$ 之间对比度的大小关系,不能以某一个 $\lambda(i,j)$ 来衡量,而是通过自适应增益均值 $\bar{\lambda}$ 来进行衡量。当 $\bar{\lambda} = 1$ 时,图像 $y(i,j)$ 与图像 $x(i,j)$ 的对比度相当;当 $\bar{\lambda} < 1$ 时,图像 $y(i,j)$ 对比度小于图像 $x(i,j)$ 的对比度;当 $\bar{\lambda} > 1$ 时,图像 $y(i,j)$ 的对比度大于图像 $x(i,j)$ 的对比度。

自适应增益均值 $\bar{\lambda}$,可以调节输入图像对比度的放大倍数。通过调节参数 $\bar{\lambda}$ 的大小,可以得到不同对比度的输出图像。

2.3　含有多种特性的水下降质光学图像增强方法

在不同的应用场景下,水下光学图像多种降质特性展现出不同的组合形式。对于辅助光源场景下的水下光学图像,会同时存在非均匀亮度、信噪比低、动态范围窄等降质特性;对于太阳光照场景下的水下光学图像,由于受到水下光线衰减的显著影响,会同时存在颜色失真、非均匀亮度、信噪比低、动态范围窄等降质特性。根据研究的需要,还可以对水下光学图像多种降质特性进行组合,分析研究增强方法与降质特性的交叉处理效果。

多种特性水下降质光学图像的图像增强,需要完成图像特性判断、图像恢复、图像增强的基本过程,从而获得满足评价指标要求的增强图像。多种特性水下降质光学图像的图像增强算法流程如图 2.3 所示。

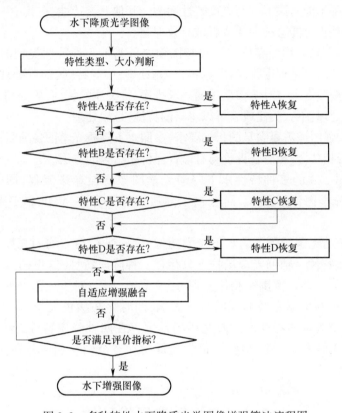

图 2.3　多种特性水下降质光学图像增强算法流程图

实际原始水下降质光学图像对应的特性类型、特性大小等情况比较复杂,在水下降质光学图像增强算法中,需要注意以下问题。

（1）在特性检测部分的特性类型数量,可能会与图像恢复阶段特性类型的数量不一致,这主要取决于各类特性的严重程度。一方面,对于相对比较轻微的特性类型,在其他特性类型恢复的同时,这类特性也可能随之恢复,这类特性不需要通过专门的算法进行特性图像恢复;另一方面,对于比较严重的特性类型,就需要通过针对性强的图像恢复算法专门对其进行特性处理。特殊的情况,对于非均匀亮度匀光处理,会导致图像动态范围变窄情况的发生。

（2）水下降质光学图像特性检测,是一个动态过程。在图像恢复算法之前的"特性类型、大小判断",是对水下降质光学图像可能存在的特性的总体规划;在图像恢复算法过程中的特性检测,是对水下降质光学图像特性的动态检测,并以此作为相应图像恢复算法是否需要执行的判断依据。

(3) 对于图 2.3 水下降质光学图像增强算法实验流程图中特性 A、B、C、D 对应的具体类型,需要根据实际水下降质光学图像的特性类型,进行具体的定义。图 2.3 只是列出了水下降质光学图像增强算法实验的一般通用流程框架结构。

(4) 对于存在非均匀亮度特性类型(包括同时还存在其他三类特性中的一个或者多个)的图像,一般应将非均匀亮度特性优先处理。如果非均匀亮度特性不能得到及时处理,则其他特性的图像恢复算法结果还会继承非均匀亮度特性。因为其他三种特性图像的重构算法,几乎不能解决非均匀亮度特性问题。其他三类特性,在其中一类特性解决的同时,另外的特性也可能会被弱化或者被有效抑制。

(5) 对于存在除非均匀亮度特性类型图像之外其他三种特性类型的图像的处理顺序,可以按照特性的严重程度排序:严重特性,先处理;中等特性,随后处理;轻微特性,最后处理;也可以按照需求方对图像质量的要求排序:最关注的特性,先处理;一般或中等关注的特性,随后处理;不太关注或者可以忽略的特性,最后处理。

(6) 对于增强图像需要满足的指标要求,参照水下降质光学图像质量评价方法:主观评价与客观评价相结合、无监督评价与有监督评价相结合的方法。

(7) 对于图 2.3 的多种特性水下降质光学图像增强算法流程,同样适合单一特性的水下降质光学图像增强,不同点在于降质图像只存在 A、B、C、D 特性中的其中一种。

(8) 对于辅助光源场景下的水下光学图像,会同时存在非均匀亮度、信噪比低、动态范围窄等降质特性。辅助光源场景下只存在三种降质特性,这里的 A 代表非均匀亮度特性,信噪比低与动态范围窄相伴并存,用 B 和 C 表示;对于太阳光照场景下的水下光学图像,由于受到水下光线衰减的显著影响,同时存在颜色失真、非均匀亮度、信噪比低、动态范围窄等降质特性。太阳光照场景下存在四种降质特性,这里的 A 代表非均匀亮度特性,B 代表颜色失真特性,信噪比低与动态范围窄相伴并存,分别用 C 和 D 表示。

2.4　增强算法开发环境

2.4.1　增强算法软件平台

1. 处理器属性

处理器:Intel(R) Core(TM) i7-8550U CPU @ 1.80GHz 1.99GHz。

内存:16.0 GB(15.8 GB 可用)。

系统类型:64 位操作系统,基于 x64 的处理器。

2. 仿真软件属性

软件:Matlab。

版本:7.11.0.584 (R2010b)。

系统类型:64-bit (win64)。

2.4.2　增强算法边界条件

边界条件是指在求解区域边界上方程组的解应该满足的条件。边界条件是控制方程有确定解的前提,对于任何求解问题,都需要给定边界条件。边界条件的正确处理,直接影响到求解结果的精确度。

水下降质光学图像的增强算法,指对质量退化的水下图像进行清晰化处理,增强算法试图通过各种模型和方法探求从降质图像到真实景象逆过程的实现途径。从降质图像求解真实景象,本身是一个不适定问题。另外,为了确保增强算法的有效性,必须提出增强算法的边界条件。

图像增强仿真实验边界条件包括降质水下光学图像降质特性仅限于亮度不均匀、信噪比低、动态范围窄、颜色失真。

原始图像尺寸 $\leqslant 1920 \times 1080$ 像素;增强图像亮度均值 $\in (90, 150)$;增强图像对比度提升 $\leqslant 50$ 倍;增强图像信息熵 $\in (6.1, 7.9)$;增强图像色彩尺度 $\in (30, 55)$;自适应增益均值 $\overline{\lambda} \in (1, 3]$。

2.5　水下图像增强评价指标

图像增强算法因增强需求不同而存在差异。增强算法质量评估应用中,也不能采用一种通用标准对图像增强效果进行评价,增强结果的评价应依据实际应用需求而有所侧重。对每种增强算法的应用效果,观察者都是增强技术优劣的最终判断者,对图像增强结果的评价也因主观性和客观需要而有所不同。

2.5.1　主观评价要素指标

主观评价方法凭借观测者的主观感知评价图像质量,需要依赖于人类视觉特性的图像质量评价模型,因此主观评价方法具有一定的经验性。主观评价方法很直观,但受到观测者自身各种因素的影响较大,所以即使是同一幅增强效果图,评价结果也会有所不同。主观评价要素指标一般包括图像平滑度、细节清晰度和全局舒适度。

主观评价的具体执行,一般是邀请几名有图像处理相关研究背景的观察者,凭借个人的视觉感知能力对增强图像依次评分。分数从 0.1 到 1 以 0.1 为步长分为 10 个等级,分数越高的增强图像表示越符合人类视觉感知,具有较高的视觉质量[21]。

主观评价方法只能帮助观察者定性地评价图像的增强效果,很难形成统一的标准衡量图像增强效果。在实际的图像增强质量评价应用实践中,往往将主观、客观评估相结合进行综合评价,以较全面地反映图像增强效果。

2.5.2　客观评价尺度参数指标

图像质量的客观评价尺度通过数学模型对增强图像进行定量分析,不同的客观评价尺度参数针对不同的增强效果。客观质量评价模拟人类视觉系统感知机制衡量图像质量,模型计算结果要尽可能与主观观察结果相一致。客观评价模型广泛应用于实际工程,因为具有计算量小、成本低、易于实现的优势,已经成为图像质量评价的主要手段。

对于单幅增强图像,往往采用均值(mean)、对比度(contrast)、信息熵(entropy)和色彩尺度(CM)来评价图像增强效果。对比度、信息熵和色彩尺度值越大,说明图像增强的效果越好。这 4 个量化指标的定义如式(2.25)~式(2.28)所示。

$$\text{mean} = \frac{1}{3}(\mu_R + \mu_G + \mu_B) \tag{2.25}$$

式中:μ_R,μ_G 和 μ_B 分别为增强图像 R,G 和 B 颜色通道的均值。图像均值表示像素灰度的平均值,反映图像的平均亮度。图像均值越小,表明图像的亮度越低,反之,亦然。

$$\text{contrast} = \frac{1}{4}\sum_{k=0}^{3}\sum_{i=0}^{L-1}\sum_{j=0}^{L-1}(i-j)^2 \boldsymbol{P}(i,j;d,\theta_k) \tag{2.26}$$

图像的对比度越大,则图像越清晰;反之,图像就越不清晰。

$$\text{entropy} = -\frac{1}{4}\sum_{k=0}^{3}\sum_{i=0}^{L-1}\sum_{j=0}^{L-1}\boldsymbol{P}(i,j;d,\theta_k)\log_{10}\boldsymbol{P}(i,j;d,\theta_k) \tag{2.27}$$

式中:$\boldsymbol{P}(i,j;d,\theta_k)$ 表示增强图像的灰度共生矩阵(gray-level co-occurrence matrix,GLCM)[105];L 是图像的灰度级数(对于 8bit 图像,$L = 256$);d 是像素之间的距离($d = 1$);θ_k 是像素之间的夹角($\theta_k = (k-1)*45°$,$k = 1,2,3,4$)。信息熵是衡量数字信号、图像质量的一项重要指标,熵值用来描述信息量的大小。数字图像的信息熵越大,表示图像的纹理细节信息越丰富,图像的视觉质量也就越高。

色彩尺度是无量纲图像质量尺度,是由 Susstrunk 和 Winkler[106]最早提出。色彩尺度是彩色增强图像的质量评价指标,定义在 RGB 颜色空间。设 RGB 颜色空间的三个部分分别表示为 R,G 和 B,定义变量 $\alpha = R - G$,$\beta = (R + G)/2 - B$,则色彩尺度可以定义为[107]

$$\text{CM} = \sqrt{\sigma_\alpha^2 + \sigma_\beta^2} + 0.3 \times \sqrt{\mu_\alpha^2 + \mu_\beta^2} \tag{2.28}$$

式中:σ_α 和 σ_β 分别是 α 和 β 的标准差;μ_α 和 μ_β 分别是 α 和 β 的均值。图像的色彩尺度越大,图像色彩越鲜亮;反之,图像就越呆滞昏暗。

均方误差(mean squared error,MSE)和峰值信噪比(PSNR)两项指标是用于比较增强图像与原始图像之间差异的误差尺度。MSE 表示增强图像与原始图像之间的累计均方误差,PSNR 反映的是峰值误差。MSE 是一个忠实于原始图像,且增强效果好的图像增强算法,会产生低的均方差和高的峰值信噪比[108]。

均方误差可以表示为

$$\text{MSE} = \frac{1}{H*W}\sum_{x=1}^{H}\sum_{y=1}^{W}(I_1(x,y) - I_0(x,y))^2 \tag{2.29}$$

式中:I_1 和 I_0 分别表示增强图像与原始图像,这两个图像尺寸相同。MSE 值越大,说明处理后图像改变越大,图像细节差异较大,可能出现过增强的情况;MSE 值越小,说明处理后图像与原始图像相似度高,细节得到了较好的保留,较忠实于原始图像。

为了计算峰值信噪比,可以应用公式 (2.29) 中的 MSE,峰值信噪比可以表示为

$$\text{PSNR} = 10\log_{10}\left[\frac{(L-1)^2}{\text{MSE}}\right] (\text{dB}) \tag{2.30}$$

式中:L 是图像的灰度级数(对于 8bit 图像,$L = 256$)。峰值信噪比反映两幅对比图像之

间的差异。峰值信噪比越大,增强前后图像之间差异越大,增强后图像质量的就越好。一般而言,人类视觉系统可以接受的增强图像的峰值信噪比 PSNR > 30(dB)。

每个客观评价指标值只能在某一方面评价图像的增强效果,本书在论证算法的有效性时,往往会同时选择多个参数指标对图像的增强效果进行综合评价。

本 章 小 结

本章在分析现有的水下降质光学图像增强研究问题的基础上,设计了水下降质光学图像增强的基本方法;提出了水下降质光学图像特性判断及增强方法;针对单一特性的水下降质光学图像,提出了图像恢复与图像增强相结合的图像增强方法;分别针对非均匀亮度、信噪比低、动态范围窄、颜色失真四个方面的问题,提出了四个水下降质光学图像的图像恢复模型;针对存在多种特性水下降质光学图像,提出了相应的降质特性判断、图像增强、图像质量评估方法;详细介绍了梯度域自适应增益增强融合模型:梯度域自适应增益,广义有界对数运算;为了评价增强算法的有效性,引用了水下图像增强评价尺度参数指标,包括主观评价指标和客观评价指标。

第三章 改进暗通道先验
非均匀亮度图像增强

在水下目标探测图像获取过程中,由于受到水下环境光照条件的限制,往往会借助辅助光源提供照明条件。由于辅助光源的引入,以及水体对光线的散射和吸收,光学成像设备获取的目标探测图像不可避免会产生非均匀亮度、信噪比低、动态范围窄等特性。光照不均匀,会导致图像存在中心明亮区域和边缘黑暗区域,图像纹理细节被淹没。本章主要开展了两个方面的研究工作:改进暗通道先验非均匀亮度水下图像增强算法与应用,辅助光源场景下包括非均匀亮度的多种特性水下图像增强。

本章 3.1 节分析了水下目标检测中非均匀亮度问题,以及暗通道先验理论的优点、不足等相关问题。3.2 节针对具体的水下大坝裂缝图像,分析了暗通道先验理论在非均匀亮度图像中的局限性。3.3 节提出了改进暗通道先验非均匀亮度水下图像恢复算法。3.4 节提出了梯度域边缘特征融合的广义有界对数运算图像增强算法,进一步提升图像对比度、信息熵、色彩等图像视觉质量。3.5 节对两幅典型非均匀亮度大坝裂缝图像应用的不同算法进行对比实验研究;对原图像增加椒盐噪声信号和高斯噪声信号,评估本书算法对包含确定分布噪声的鲁棒性。3.6 节为辅助光源场景下包括非均匀亮度的多种特性水下降质光学图像增强。

3.1 引 言

我国在水利建设发展方面取得了举世瞩目的巨大成就。2017 年全国已建成各类水库 98795 座,水库总库容 9035 亿 m^3。其中大型水库 732 座,总库容 7210 亿 m^3,占全部总库容的 79.8%;中型水库 3934 座,总库容 1117 亿 m^3,占全部总库容的 12.4%[1]。大坝是水利水电工程中最为重要的基础设施,然而大坝裂缝是威胁大坝安全运行的主要隐患。因为裂缝不但存在于大坝表面,还会向内部延伸,其引发的灾害具有激增效应,是触发险情、恶化灾情和诱发惨剧的主要原因之一。及时准确地检测水下大坝的裂缝,对诊断险情和加固修复,保障水库大坝的安全运行,保障下游安全具有重要意义。

传统人工检测图像裂缝的方法已经逐渐被基于机器视觉的图像裂缝检测方法所取代,并且基于机器视觉的图像裂缝检测方法已成为构筑物裂缝检测领域重要的无损检测方法之一。大坝裂缝检测最常用的方法就是先通过光学照相机采集图像,然后对图像进行处理,分析裂缝类型及尺寸,为后期险情诊断和加固修复提供依据。由于水下大坝裂缝图像存在非均匀亮度、信噪比低、对比度低等复杂情况,增加了裂缝特征提取的难度,因此需要对水下裂缝图像进行增强处理。

图像增强的目的在于提高图像质量,有针对性地增强某种目标信息的可辨识能力,将图像中感兴趣的目标特征信息更突出地表达出来,同时抑制噪声[109]。近年来,图像增强领域研究的重点是增强图像的边缘或者纹理细节信息[110]。常用的水下图像增强算法主要分为修改水下图像的光照和抑制图像对比度以保留图像边缘两大类。针对水下图像非均匀亮度的问题,常用的解决方法主要包括直方图均衡化、同态滤波以及梯度域增强方法等,通过改善图像的对比度实现图像清晰化效果,但对水下图像去噪增强效果欠佳[111-113]。针对水下图像对比度低的问题,Padmavathi 等人采用同态滤波、各向异性扩散滤波、小波滤波等方法,Celik 等人使用高斯混合(Gaussian mixture model,GMM)模型对输入图像进行非线性数据映射[114-115]。这些方法可以调高图像的对比度,提高图像清晰度,但忽视了透射率,容易造成图像过度饱和失真,并且不能处理图像光照不均的问题。

针对水下大坝裂缝图像呈现出非均匀亮度、信噪比(signal to interference plus noise ratio,SNR)低和对比度低等显著特点,导致水下图像中建筑物裂缝提取难度增加的问题,范新南等人提出了仿水下生物视觉的大坝裂缝图像增强算法、基于 Gabor 算子的人工蜂群算法和粗糙集大坝裂缝检测等方法[116-118]。石丹等人提出一种基于非下采样 Contourlet 变换和多尺度 retinex 的水下图像增强算法[119]。这些方法主要适用于大气光照环境,也能够对水下图像进行增强处理,但易受水下环境噪声干扰,会出现偏色情况,在水下裂缝图像增强处理方面局限性较大。

何恺明等人提出了“基于暗通道先验的单幅图像去雾”的方法,并在 2009 年被国际计算机视觉与模式识别会议(IEEE conference on computer vision and pattern recognition,CVPR)评为唯一最佳论文。该方法被证明是当时最通用、最有效的图像去雾方法[73]。

暗通道先验(dark channel prior,DCP)算法在图像明亮区域和无阴影区域存在暗通道先验失效问题,基于 DCP 算法改进恢复模型或者与其他算法相结合,能有效克服暗通道先验失效问题,可以适用于不同的应用场合,并取得较好的应用效果。将 DCP 算法与对比度受限的自适应直方图均衡化、离散小波变换(CLAHE-DWT)算法相结合,实现室内和室外图像去雾[120];对图像的透射率传输图通过基于增益系数的三边滤波器来重新定义,改进 DCP 算法去除道路图像中的雾[121];针对图像增强算法实时性差的问题,研究基于暗通道先验的快速视频去雾算法[122]。

DCP 算法最核心的部分是背景光照向量和透射率的正确估计。有雾图像中存在的大块高亮度天空区域,会导致背景光照向量估计出现偏差。在 DCP 的基础上,发展了亮通道先验(bright channel prior,BCP)和增益干涉滤波器[123]。BCP 用于解决 DCP 去雾中存在的天空区域问题,增益干涉滤波器用于提高算法的计算速度和边缘保持效果。使用依赖深度的颜色变化来估计环境光,在图像形成模型(image formation model,IFM)中加入了自适应色彩校正,用于在恢复对比度的同时去除色差[124]。提出了一种结合显著性检测和 DCP 去雾模型算法,以获得彩色失真最小的恢复图像[125]。

对于透射率的正确估计,需要在 DCP 算法的基础上作相应的改进。通过计算观测强度与环境光的差值,即场景环境光差,估计场景的透射率[124],构造了彩色椭球体,并统计拟合到 RGB 空间的雾霾像素簇中,然后通过彩色椭球体几何计算图像透射值。该方法生成的透射率能最大限度地提高去噪像素的对比度,同时防止像素过饱和现象的发生[126]。提出了一种自适应 DCP 单图像去噪算法,可以减少景深的变化对光晕现象的影响。在不借助于导引滤波算法的情况下,也能获取正确的透射率,并有效避免导引滤波算法的低效率和除雾不彻底的问题[127]。

暗通道先验理论在遥感图像、医学图像、航空图像增强方面取得了较好的应用效果，但将暗通道先验理论应用在水下降质光学图像增强，仍然存在一些客观问题。因为水下图像除了具备有雾图像的对比度低、信噪比低等特征外，非均匀亮度是水下降质光学图像的一项重要特征。水下图像中心区域亮度偏高，边缘区域亮度严重偏低，甚至存在大片暗区域，直接应用 DCP 算法，必然会导致图像信息估计的严重偏差。

3.2 暗通道先验理论在非均匀亮度图像中的局限性

图像的暗通道先验理论[73]由香港中文大学何恺明博士首先提出，他在 2009 年的国际计算机视觉与模式识别会议（IEEE Conference on Computer Vision and Pattern Recognition，CVPR）上首次讲解了该理论。

对于数字图像，在一定的像素点邻域内，在 RGB 三个颜色通道中总能找到一个像素值很低的通道，并且这个像素值一般情况下接近于零。数字图像的这个固有属性称为暗通道先验理论[73]。

图像 J 的暗通道表达式如下：

$$J_{\mathrm{dark}}(x) = \min_{c \in \{R,G,B\}} \left(\min_{y \in \Omega(x)} J_c(y) \right) \qquad (3.1)$$

式中：J 代表一幅 RGB 原始图像；J_c 代表 J 中 RGB 三个颜色通道的像素值；J_c 是一幅灰度图像；$\Omega(x)$ 是以 x 为中心的一块正方形区域。

为了验证暗通道先验理论的存在性，何恺明等人在文献[73]中从 Flickr. com 中选择了 5000 幅没有受到云雾影响的普通数字影像，Long 等人在文献[128]中从 Google Earth 中选择了 1000 幅无雾遥感影像，分别利用这些数字影像进行了统计分析研究。

暗通道先验理论适用于大多数的无雾影像，无论是普通的数字影像，还是遥感影像。统计分析结果表明，大部分的无雾影像具有非常低的暗通道值。

研究发现，户外自然场景图像的暗通道像素值特性主要由以下三方面因素造成[73]。

（1）物体的阴影，主要包括树木、汽车和建筑物等的阴影。

（2）彩色物体，如绿树、草地和鲜花等，由于这些物体的 RGB 三颜色通道中缺少一种或者多种颜色通道值，从而导致暗通道。绿色和红色图像的 G 和 R 通道相对比较大，而其他颜色通道值很小。

（3）黑色的物体表面，如黑色的树干和岩石。

大部分户外自然场景的数字图像，包括阴影部分和丰富的色彩信息。这些自然场景图像在无雾干扰的情况下，暗通道值几乎近似于零。

通过实验分析，何恺明认为，光学传感器所能捕捉到的一切户外无雾图像，在各颜色通道内都无一例外存在暗元素点。换言之，在清晰图像的每个像素点邻域内都可找到亮度值极小的像素点。而大气雾霾图像则相反，由于悬浮粒子的散射和吸收，导致在雾气退化图像中很难找到暗元素图。利用有雾图像的这个特性，可以轻而易举地实现单幅图像的去雾增强，而且能取得较好的图像增强效果。

何恺明提出的暗原色先验图像去雾算法，虽然原理简单，但是一经提出就得到了广泛的研究。然而,该方法存在图像中明亮区域暗原色先验失效的问题。

在何恺明提出的方法中,整幅图像都是满足暗原色统计规律的,因此选取整幅图像中的全局最大亮度值作为大气光 A 的估计值。该方法估计大气光值的缺陷在于应该选取雾浓度最高的区域而不是亮度最大的区域。因为当含雾图像中包含天空、大量的白色建筑物立面、水泥路面、水面以及白雪场景等大面积的明亮区域时,这些明亮区域即使在无雾的情况下,RGB 三颜色通道中的各像素值也很大,局部邻域内几乎不存在像素值趋于零的暗通道。因此,暗原色统计规律在该区域内不成立。对于这类不满足暗原色先验的区域,采用何恺明论文中的大气光估计值计算得到的大气透射率不能准确反映实际的成像情况,需要采用新的大气光估计方法来计算该区域内的大气光值。

另外,由于水体对光线的散射和吸收,以及辅助光源的使用,因此水下探测图像不可避免会产生非均匀亮度现象。如果对非均匀亮度水下图像直接应用暗通道先验理论,则势必会导致正常区域的图像细节不能有效增强,而偏暗区域图像细节也会完全淹没,图像的整体质量会严重下降。

本章将进一步分析水下非均匀亮度图像的暗通道性质,以找出暗通道先验理论在非均匀光场条件下图像增强在数学理论上的不同,从而提出一种能够适应非均匀光场条件下水下图像增强的新模型。

针对水下大坝裂缝图像的检测,本章提出了一种改进暗通道先验非均匀亮度水下图像增强算法。首先,通过匀光算法和噪声抑制算法,对大坝裂缝图像进行具有纹理保持功能的光照均匀化处理,消除辅助光源的引入导致的背景非均匀亮度的现象[111]。匀光处理算法是水下图像处理的必要前期预处理环节。其次,结合改进暗通道先验和导引滤波方法,实现图像去噪增强,估算恢复图像。再次,考虑到恢复图像的灰度值在取值空间内没有均匀分布或没有完全利用全部灰度空间,而是在一段区间内集中聚集,再应用梯度域边缘特征融合算法,对恢复图像进行梯度域自适应线性增强[129]。自适应梯度域线性增强是对改进暗通道先验图像恢复后的图像增强步骤。最后,根据图像增强质量评价尺度参数,对增强算法进行定量分析评价。

3.3 改进暗通道先验非均匀亮度水下图像恢复算法

3.3.1 匀光处理算法

在水下目标探测图像获取方面,目前主要依靠光学成像设备近距离获取被测对象表面纹理信息。由于水体对光线的散射和吸收,以及辅助光源的使用,因此探测图像不可避免会产生非均匀亮度现象。非均匀亮度主要表现为以辅助光源照明光最强点为中心,径向逐渐衰弱,存在光照偏亮、正常、偏暗三个区域。偏亮区域与偏暗区域亮度形成强烈反差,并且由于偏暗区域所包含的纹理信息容易被忽略,会导致纹理特征获取困难[130]。传统的图像处理算法无法直接进行水下裂缝图像的信息提取,匀光处理是非均匀亮度水下光学图像增强的预处理环节。

匀光处理算法主要分四步:第一,对原始采集图像进行线性空间滤波,从灰度图像中拟合出光照强弱分布图;第二,进行阈值分割,将光照分布图从最亮区域到最暗区域均匀划分为若干像素带,最中间区域定义为正常区域,其余区域定义为问题区域,并将这些区域对应至原始图像;第三,参照正常区域的目标参数(均值与标准差),对非正常区域的原始图像像素带进行逐点匀光修正处理;第四,对匀光处理的图像进行噪声抑制处理。

1. 拟合光照强弱分布图

线性空间滤波器可以理解为原始图像与滤波掩模的二维卷积[121],卷积运算表示为

$$G(x,y) = H(x,y) * X(m,n) \tag{3.2}$$

式中: $G(x,y)$ 表示滤波后的图像; $H(x,y)$ 表示原始图像; $X(m,n)$ 表示空间滤波运算函数。线性滤波主要是通过矩形滤波掩模 $X(m,n)$ 实现。

$$X(m,n) = \frac{1}{m \times n} \begin{bmatrix} 1 & 1 & \cdots & 1 \\ 1 & 1 & \cdots & 1 \\ \vdots & \vdots & \ddots & \vdots \\ 1 & 1 & \cdots & 1 \end{bmatrix}_{m \times n} \tag{3.3}$$

式中: m 、 n 分别表示矩形掩模的长和宽。在图像中滑动滤波掩模 $X(m,n)$ 实现图像的模糊处理,拟合出光照强弱分布图。矩形掩模的尺寸参数 m 、 n 如式(3.4)、式(3.5)所示。

$$m = \text{Heg}_\text{H}/4 \tag{3.4}$$

$$n = \text{Wid}_\text{H}/4 \tag{3.5}$$

式(3.4)、式(3.5)中: Heg_H 、 Wid_H 分别是原始图像的高度、宽度参数。

2. 阈值均匀分割

设置灰度阈值,根据阈值将光照分布图从最亮区域到最暗区域均匀分割为若干个像素带。

先将像素带进行归一化处理,设置光照最亮到光照最暗之间的均匀灰度间隔,并划分为奇数个像素带,一般表现为由光照最强点向周围的径向扩散光圈层。处于最中间灰度层区域定义为正常区域,偏亮区域和偏暗区域定义为问题区域。再将光照分布图中的正常区域和问题区域映射到原始图像,原始图像也划分为正常区域与问题区域。正常区域不需要修正,而问题区域则属于待修正区域。

3. 对问题区域进行匀光处理

逐个计算原始图像正常区域和问题区域的均值与标准差。均值 μ 和标准差 σ^2 分别为

$$\mu = \frac{1}{M} \sum_{i=1}^{M} I_i \tag{3.6}$$

$$\sigma^2 = \frac{1}{M} \sum_{i=1}^{M} (I_i - \mu)^2 \tag{3.7}$$

式(3.6)和式(3.7)中: M 表示所在区域中像素点的数量; I_i 表示所在区域中第 i 个像素点的灰度值。

以光照正常区域灰度值的均值与标准差作为参考标准,对逐个问题区域的每一个像素点进行匀光修正处理,匀光修正处理公式为[15]

$$I^{\text{fixed}}(j) = \mu^{\text{normal}} + \frac{\sigma^{\text{normal}}}{\sigma^{\text{problem}}} [I^{\text{problem}}(j) - \mu^{\text{problem}}] \tag{3.8}$$

式中：$I^{\text{problem}}(j)$、$I^{\text{fixed}}(j)$ 分别表示匀光修正处理前、匀光修正处理后第 j 个像素点的灰度值；μ^{normal}、σ^{normal} 分别表示正常区域的均值和均方差；μ^{problem}、σ^{problem} 分别表示问题区域的均值和均方差。

4. 噪声抑制处理

噪声对图像处理的不利影响很大，它干扰到图像处理的输入、采集和处理等各个环节以及输出结果的准确性。在进行其他环节图像处理前，需要对图像进行去噪处理。

本章选择式（3.3）所示的矩形滤波掩模 $X(m,n)$ 进行噪声抑制，矩形掩模的尺寸参数 m、n 如式（3.9）、式（3.10）所示。

$$m = n \tag{3.9}$$

$$n = \max(\text{Wid}_{\text{H}}, \text{Heg}_{\text{H}})/4 \tag{3.10}$$

3.3.2 改进暗通道先验和引导滤波算法

何恺明等人提出的基于暗通道先验[73]的图像去雾算法，应用于单幅图像去雾，可以实现图像增强，得到较好的恢复图像。但暗通道先验理论的应用对象主要是经过空气中悬浮颗粒吸收和散射之后退化的户外自然图像，所以需要改进暗通道先验去雾算法应用于水下图像。

复杂水环境下由于水体对光线的吸收和散射，得到的被测目标探测图像，与退化的户外自然图像之间虽然存在一定的差异，但两者之间也存在深刻的相似性。这种相似性具体表现如下：

（1）都需要在已退化图像的基础上获取恢复图像；

（2）都存在杂质颗粒对光线的吸收和散射；

（3）都是在外界光源光照条件下成像。

本章借鉴暗通道先验和引导滤波对经匀光处理的大坝水下探测图像进行增强处理。考虑到大坝水下探测图像与退化户外自然图像存在差异，在实际应用过程中对暗通道先验理论进行适当的算法改进。

1. 雾天图像退化模型

暗通道先验去雾算法是基于光学成像模型的数字图像恢复算法。根据光学成像模型，大气环境中常用的有雾退化图像模型[131]描述为

$$I(x) = J(x)t(x) + A(1 - t(x)) \tag{3.11}$$

式中：$I(x)$ 为观测图像；$J(x)$ 为自然场景无雾图像；$t(x)$ 为大气环境的透射率，也称为景深图像；A 为全局大气光照向量。图像去雾的目的是通过 $I(x)$ 反演恢复 $J(x)$，$t(x)$ 和 A，从而得到未退化的无雾图像[132]。但是，由观测图像获取无雾图像，本身是一个不适定的问题。

2. 改进暗通道先验算法

暗通道先验去雾算法是建立在对户外自然场景大量无雾图像观察的统计基础上。在 RGB 三个颜色通道中，几乎总是存在灰度值接近于零的通道，即这些小图像块所对应的最小灰度值几乎为零[73,132]。暗通道先验理论为

$$J_{\text{dark}}(x) = \min_{y \in \Omega(x)} \left(\min_{c \in \{\text{R},\text{G},\text{B}\}} J_c(y) \right) \to 0 \tag{3.12}$$

式中：J_c 是 J 中的 RGB 三个颜色通道中一个颜色通道；$\Omega(x)$ 是一个以 x 为中心的小邻域图像窗口；$J_{\text{dark}}(x)$ 为暗通道图像。

按照暗通道先验理论，有雾图像的暗通道图像灰度值可以近似雾的浓度，空气光向量近似等于雾浓度最大区域的值。首先，在暗通道图像 $J_{\text{dark}}(x)$ 中提取亮度最高的前 0.1%像素点，并在原图像中提取对应的亮度值最大的点，将该点的亮度值作为全局光照向量值 A。然后，在这些像素中，计算它们的平均值作为光照系数。A 可能不是整幅图像中最亮的像素点，但基本接近整幅图像中最亮的像素点灰度值[133]。

先对式(3.11)两边同时除以 A，再对两边作 $\min\limits_{y \in \Omega(x)} \left(\min\limits_{c \in \{R,G,B\}} \right)$ 变换，可得景深图像 $t(x)$ 的初始透射图 $\tilde{t}(x)$：

$$\tilde{t}(x) = 1 - \omega \min_{y \in \Omega(x)} \left(\min_{c \in \{R,G,B\}} \frac{I_c(y)}{A} \right) \tag{3.13}$$

式中：ω 称为去雾参数，用于保留远景处的少许雾气。在图像存在部分天空或白云等明亮区域的情况下，暗通道是不存在的，或者说按照暗通道先验理论计算的暗通道值会很高，几乎接近于大气光强度值。这样，将导致式(3.13)估计的透射率偏小，暗通道恢复图像会出现明显的颜色失真。

本书对透射率计算作如下改进：通过分析暗通道值与大气光照强度之间差值的绝对值大小判断该区域是否属于明亮区域。本书引入了一个阈值参数 K，若差值的绝对值大于阈值 K，则表明该区域属于暗区域；若差值的绝对值小于阈值 K，则表明该区域属于亮区域。与文献[134]单纯区分暗区域和亮区域有所不同，本书还根据差值绝对值与 K 比值的大小，将亮区域进一步细分为浅亮区域和深亮区域。在亮区域，随着亮度的加深，透射率以指数速度增加，得到透射率为

$$\tilde{t}(x) = \begin{cases} 1 - \omega \min\limits_{y \in \Omega(x)} \left(\min\limits_{c \in \{R,G,B\}} \dfrac{I_c(y)}{A_c} \right) \\ \quad |A - I_{\text{dark}}(x)| \geqslant K \\ e^{1 - \frac{|A - J_{\text{dark}}(x)|}{K}} g \left(1 - \omega \min\limits_{y \in \Omega(x)} \left(\min\limits_{c \in \{R,G,B\}} \dfrac{I_c(y)}{A_c} \right) \right) \\ \quad |A - I_{\text{dark}}(x)| < K \end{cases} \tag{3.14}$$

式中：图像的透射率在整个灰度值范围内连续变化，保证了暗通道先验恢复图像的连续平滑性。在亮区域，图像透射率的增加幅度有上限值，使去雾恢复图像的灰度值被抑制在最大值，缓解亮色区域出现偏色的可能性。

阈值参数 K 的选择应适中，实验结果表明，$K \in [50,80]$ 能取得较好的去雾效果[133]。

由于在应用暗通道理论时使用了小图形窗口 $\Omega(x)$ 分块，导致初始透射图存在明显的方块，不能很好地保持图像边缘特征。暗通道算法在远近景深交界处的像素点 $J(y)$ 在 $\Omega(x)$ 区域内进行最小值滤波：

$$J(y) = \min_{c \in \{R,G,B\}} J_c(y) \tag{3.15}$$

导致远景图像块边缘的暗原色被低估，导致相应透射图 $\tilde{t}(x)$ 估算错误，形成较明显

的光晕效应,还会出现比较严重的颜色过饱和或暗沉现象。

3. 引导滤波算法

引导滤波算法可以平滑图像纹理细节,能保持图像的边缘信息,并且计算速度快。因此,本章利用引导滤波方法进一步估算图像的透射率。引导滤波器是导向图 I 与滤波输出结果 q 之间的一个局部线性模型,可以认为 q 是在以像素 k 为中心、大小为 w_k 的窗口内对 I 中所有像素的线性变换[135]:

$$q_i = a_k I_i + b_k, \quad \forall i \in w_k \tag{3.16}$$

在 w_k 窗口内,因为 $\nabla q = a \nabla I$,所以可以实现滤波后 q 和 I 具有相同的梯度信息。

通过最小化代价函数,使引导滤波器的输出图像 q 与输入图像 p 差异最小,来确定线性系数 a_k 和 b_k。代价函数为

$$E(a_k, b_k) = \sum_{i \in w_k} \left((a_k I_i + b_k - p_i)^2 + \varepsilon a_k^2 \right) \tag{3.17}$$

式中:ε 为调整参数,以避免 a_k 过大。代价函数最小化计算结果如下:

$$a_k = \frac{\dfrac{1}{|w|} \sum_{i \in w_k} I_i p_i - \mu_k \overline{p_k}}{\sigma_k^2 + \varepsilon} \tag{3.18}$$

$$b_k = \overline{p_k} - a_k \mu_k \tag{3.19}$$

式(3.18)、式(3.19)中:μ_k 和 σ_k^2 分别为导向图 I 在 w_k 窗口中的均值和方差;$|w|$ 是 w_k 窗口中像素点的数量;$\overline{p_k} = \dfrac{1}{w} \sum_{i \in w_k} p_i$ 是输入图像 p 在 w_k 窗口中的均值。

将 a_k 和 b_k 代入式(3.16)中,可得引导滤波输出图像。本章中引导滤波器的导向图 I 为经匀光处理后的图像,输入图像 p 为暗通道的初始透射图,滤波器的输出图像为平滑处理并保留景物边缘特征的透射图(也称为景深图)$t'(x)$。

已经计算得到 $t'(x)$、A,而 I 为已知条件,根据式(3.11),可以求得去雾后的恢复图像 J_c,即

$$J_c(x) = \frac{I_c(x) - A}{\max(t'(x), t_0)} + A \tag{3.20}$$

式中:$c \in \{R, G, B\}$;当 $t'(x)$ 趋于 0 时,会使 J 引入噪声,因此为 $t'(x)$ 设置下界 t_0,t_0 一般取值 0.1。

3.4 暗通道增强图像梯度域特征融合增强算法

广义有界对数运算图像的输入图像是引导滤波算法的输出图像,梯度域自适应增益也是由引导滤波算法的输出图像来提供。

对引导滤波算法的输出图像 J_{Rn}、J_{Gn} 和 J_{Bn} 分别执行梯度域广义有界对数乘法运算,增强后的分量 J'_{Rn}、J'_{Gn} 和 J'_{Bn} 分别为

$$
\begin{cases}
J'_{Rn} = \lambda \otimes J_{Rn} = \phi^{-1}[\lambda J_{Rn}] = \dfrac{1}{(J_{Rn})^{\lambda} + 1} \\[2mm]
J'_{Gn} = \lambda \otimes J_{Gn} = \phi^{-1}[\lambda J_{Gn}] = \dfrac{1}{(J_{Gn})^{\lambda} + 1} \\[2mm]
J'_{Bn} = \lambda \otimes J_{Bn} = \phi^{-1}[\lambda J_{Bn}] = \dfrac{1}{(J_{Bn})^{\lambda} + 1}
\end{cases}
\tag{3.21}
$$

式中：λ 为引导滤波算法的输出图像的灰度图像经 sobel 边缘检测器对应的自适应梯度增益图像，其增益均值用 $\bar{\lambda}$ 表示。

3.5 非均匀亮度特性图像增强实验

3.5.1 实验图像

为了验证算法的有效性，选择两幅典型的水下非均匀亮度的大坝裂缝图像开展实验，如图 3.1 所示。图 3.1(a)为非均匀亮度，过度曝光的中等尺寸裂缝图像(中裂缝图)，图 3.1(c)为图 3.1(a)对应的直方图;图 3.1(b)为光照相对均匀，小尺寸裂缝图像(小裂缝图)，图 3.1(d)为图 3.1(b)对应的直方图。表 3.1 为两幅裂缝图像的 5 个尺度参数。

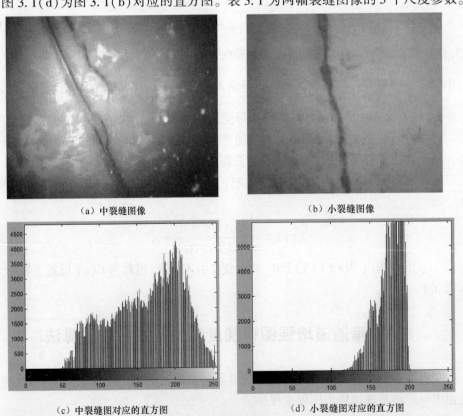

（a）中裂缝图像　　　　　　　　　　　（b）小裂缝图像

（c）中裂缝图对应的直方图　　　　　　（d）小裂缝图对应的直方图

图 3.1　两幅水下大坝裂缝图像及其对应的直方图

(注:彩色图片见附录。)

42

从图 3.1 和表 3.1 可以看出,两幅实验图像存在不同程度的非均匀亮度,平均亮度整体偏高。中裂缝图非均匀亮度程度较大,中心区域亮度高,而边缘区域亮度较低,暗区域的纹理信息基本被淹没。中裂缝图的灰度值范围较宽,对比度较小;小裂缝图的灰度值范围非常窄,对比度也非常小。

表 3.1　两幅裂缝图像的 5 个尺度参数

实验图像	size	mean	contrast	entropy	CM
中裂缝图	683×572	159.07	6.15	7.47	42.04
小裂缝图	544×487	175.63	1.65	5.82	30.46

3.5.2　匀光处理实验

图 3.2 和图 3.3 分别为中裂缝图和小裂缝图的不同分层光圈图、不同分层匀光修复图及对应直方图。不同分层光圈图与原图像灰度图像相对应,而匀光修复图实际上是 RGB 三色图像分别修正后的图像叠加图。表 3.2 和表 3.3 分别为中裂缝图和小裂缝图的不同分层匀光修复图对应的评价尺度参数。匀光处理时,匀光分层数 N 一般取奇数,以第 $(N+1)/2$ 层作为正常光照层。在实际匀光处理过程中,应充分考虑原始图像的灰度值范围:如果灰度值范围较宽,则匀光分层数量可以适当多一些;反之,则匀光分层数量应适当少一些。可以看出,原始图像的直方图分布通常无明显规律。经过匀光处理后,其直方图表现为近似单峰状,并且图像整体亮度基本一致。匀光处理分层数量越少,直方图覆盖区域越宽,但光圈痕迹明显,匀光效果不理想;反之,直方图覆盖区域越窄,匀光效果越好,但图像对比度降低,需要进一步进行去噪、对比增强处理。因此,在实际的匀光处理中,对于匀光分层数量与对比度两方面的因素应综合考量,在光圈效应不十分明显的情况下,保证有较高的对比度。

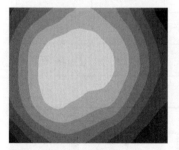 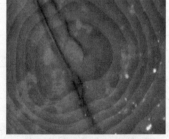 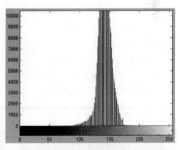

<table>
<tr><td>（a）N=7层光圈图</td><td>（b）N=7层匀光修正图</td><td>（c）N=7层匀光修正图对应的直方图</td></tr>
</table>

 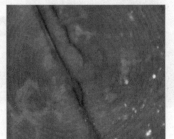 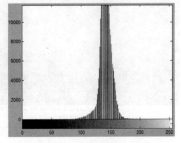

<table>
<tr><td>（d）N=17层光圈图</td><td>（e）N=17层匀光修正图</td><td>（f）N=17层匀光修正图对应的直方图</td></tr>
</table>

（g）N=97层光圈图

（h）N=97层匀光修正图

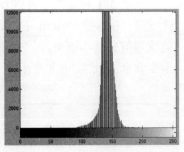
（i）N=97层匀光修正图对应的直方图

（j）N=159层光圈图

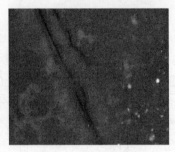
（k）N=159层匀光修正图

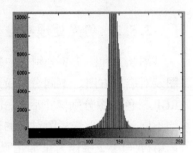
（l）N=159层匀光修正图对应的直方图

图 3.2　中裂缝图不同分层光圈图、匀光修正图及其对应直方图
（注：彩色图片见附录。）

表 3.2　中裂缝图匀光修正图尺度参数

光圈数	mean	contrast	entropy	CM	MSE	PSNR
N = 7	138.19	3.93	5.63	13.17	588.17	20.68
N = 17	137.77	3.00	5.31	11.08	593.27	20.60
N = 97	137.69	2.52	5.24	11.22	595.94	20.56
N = 159	137.48	2.32	5.18	10.91	592.34	20.60

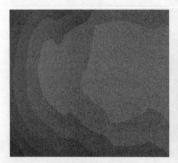
（a）N=7层光层圈图

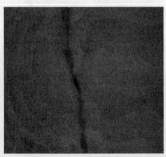
（b）N=7层匀光修正图

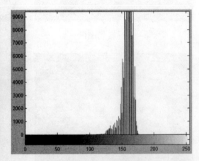
（c）N=7层匀光修正图对应的直方图

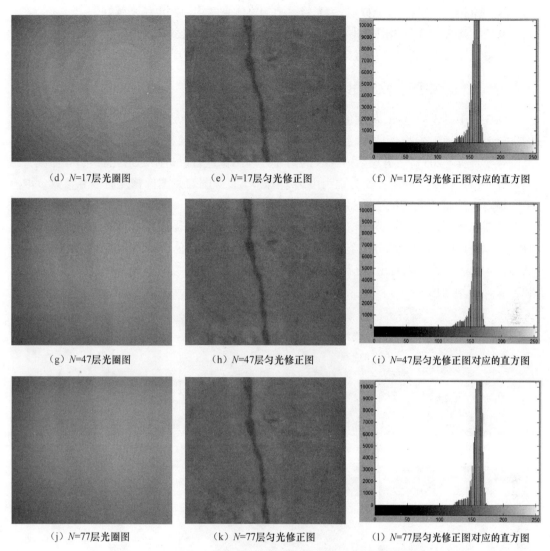

（d）N=17层光圈图　　　　　（e）N=17层匀光修正图　　（f）N=17层匀光修正图对应的直方图

（g）N=47层光圈图　　　　　（h）N=47层匀光修正图　　（i）N=47层匀光修正图对应的直方图

（j）N=77层光圈图　　　　　（k）N=77层匀光修正图　　（l）N=77层匀光修正图对应的直方图

图 3.3　小裂缝图不同分层光圈图、匀光修正图及其对应直方图

（注：彩色图片见附录。）

表 3.3　小裂缝图匀光修正图尺度参数

光圈数	mean	contrast	entropy	CM	MSE	PSNR
N=7	159.02	1.33	4.70	16.82	24.35	34.27
N=17	159.36	0.98	4.34	15.75	26.78	33.85
N=47	159.44	0.96	4.34	15.86	27.28	33.77
N=77	159.44	1.02	4.37	15.97	27.50	33.74

　　从图 3.2 和图 3.3 可以看出，中裂缝图的光照最强部分基本位于图像中心，小裂缝图的光照最强部分不在正中心，而是偏右侧且不完整。对于中裂缝图，在光圈数较少时，RGB 三色图像匀光修正区域不完全一致，呈现出较明显的"花脸"现象；当光圈数逐渐增大时，"花脸"现象逐渐减弱。小裂缝图基本接近灰度图像，基本无"花脸"现象。随着光圈数量的增

加,光圈之间亮度的差异逐渐减弱,匀光修复图的整体亮度均匀性也越来越好。

从表3.2和表3.3可以看出,经过匀光处理后,匀光修复效果明显,整体亮度更加均衡。但修正图像的亮度均值、对比度、信息熵和色彩尺度均出现了不同程度的下降。

3.5.3 暗通道先验和引导滤波实验

图3.1中的中裂缝图,灰度值范围较宽:[46,254],取分层数 $N=137$ 的匀光处理图像进行改进暗通道先验、引导滤波去噪增强实验。图3.1中的原始图像小裂缝图,灰度值范围较窄:[94,203],取分层数 $N=73$ 的匀光处理图像进行改进暗通道先验、引导滤波去噪增强实验。图3.4和图3.5分别为中裂缝图和小裂缝图匀光图像修复后去雾参数 ω 取不同值对应的暗通道、引导滤波和引导滤波直方图。

从图3.4可以看出,引导滤波图像(图(b)、(e)、(h))的裂缝部分明显比暗通道图像(图(a)、(d)、(g))裂缝部分明显,裂缝部分与非裂缝部分颜色深度差异增加,对比明显。从图3.4和表3.4可以看出,随着去雾参数 ω 增加,图像亮度均值下降,但对比度、信息熵和色彩尺度均增加。

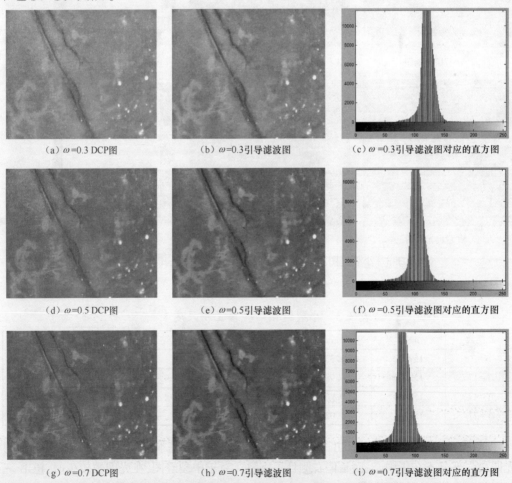

(a) $\omega=0.3$ DCP图　　　(b) $\omega=0.3$ 引导滤波图　　　(c) $\omega=0.3$ 引导滤波图对应的直方图

(d) $\omega=0.5$ DCP图　　　(e) $\omega=0.5$ 引导滤波图　　　(f) $\omega=0.5$ 引导滤波图对应的直方图

(g) $\omega=0.7$ DCP图　　　(h) $\omega=0.7$ 引导滤波图　　　(i) $\omega=0.7$ 引导滤波图对应的直方图

图3.4　中裂缝图暗通道去噪增强图、引导滤波图及其对应直方图

(注:彩色图片见附录。)

表 3.4　中裂缝图引导滤波图像尺度参数

去雾参数	mean	contrast	entropy	CM	MSE	PSNR
$\omega = 0.3$	117.44	4.17	5.37	10.41	421.52	21.91
$\omega = 0.5$	99.29	5.29	5.47	11.23	1501.33	16.39
$\omega = 0.7$	75.59	6.92	5.58	12.58	3910.28	12.23

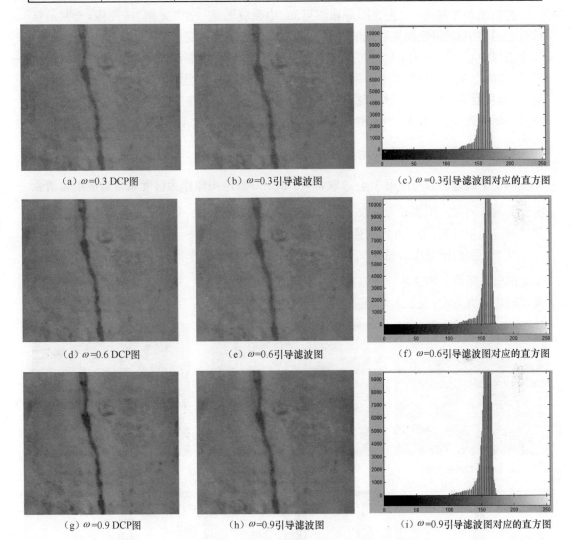

（a）ω=0.3 DCP图　　　　（b）ω=0.3引导滤波图　　　　（c）ω=0.3引导滤波图对应的直方图

（d）ω=0.6 DCP图　　　　（e）ω=0.6引导滤波图　　　　（f）ω=0.6引导滤波图对应的直方图

（g）ω=0.9 DCP图　　　　（h）ω=0.9引导滤波图　　　　（i）ω=0.9引导滤波图对应的直方图

图 3.5　小裂缝图暗通道去噪增强图、引导滤波图及其对应直方图
（注：彩色图片见附录。）

表 3.5　小裂缝图引导滤波图像尺度参数

去雾参数	mean	contrast	entropy	CM	MSE	PSNR
$\omega = 0.3$	159.41	1.17	4.38	16.08	0.06	60.59
$\omega = 0.6$	159.24	1.26	4.41	16.31	0.66	49.93
$\omega = 0.9$	156.49	1.90	4.72	16.67	14.98	36.38

从图3.5和表3.5可以看出,去雾参数ω对小裂缝图的增强效果非常有限,这是由于小裂缝图的对比度非常低,非均匀亮度不很明显。引导滤波的效果和改进暗通道先验的效果基本相当,引导滤波效果在暗通道先验运行效果基础上提升有限。从图3.5和表3.5可以看出,随着去雾参数ω增加,图像亮度均值下降,但对比度、信息熵和色彩尺度均增加。

分析图3.2和图3.3的光圈分布图可知,中裂缝图是一个"完整"的图像:光照最强部分在图像中心,沿径向光照逐渐减弱;小裂缝图是一个"不完整"的图像:光照最强部分不在图像中心。从图3.4和图3.5的直方图也可以看出,中裂缝图的增强图直方图连续平滑,均值点在直方图横轴中心附近,呈现对称分布特性;小裂缝图的增强图直方图不光滑,虽然灰度值范围增加,但呈现不对称分布特性。对于"完整"的图像,增强算法能取得较好的增强效果;而对于"不完整"的图像,增强算法的增强效果不好。

3.5.4　梯度域自适应增益增强实验

对于中裂缝图对应的图3.4,选取$\omega = 0.5$引导滤波图像作为梯度域自适应增益增强实验的输入图像。图3.6为选取三组梯度均值$\bar{\lambda}$的实验结果,每组实验结果包括增强图像及对应的直方图;表3.6为增强图像参数比较。

对于小裂缝图对应的图3.5,选取$\omega = 0.9$的DCP图像作为梯度域自适应增益增强实验的输入图像。图3.7为选取三组梯度均值$\bar{\lambda}$的实验结果,每组实验结果包括增强图像及对应的直方图;表3.7为增强图像参数比较。

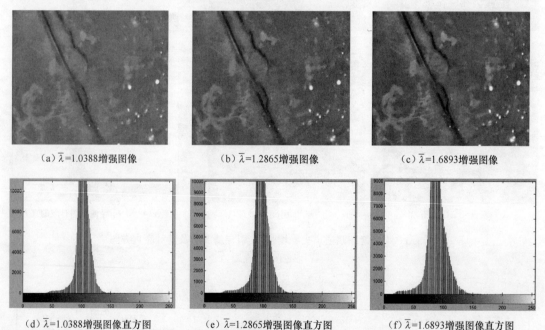

（a）$\bar{\lambda}$=1.0388增强图像　　　　（b）$\bar{\lambda}$=1.2865增强图像　　　　（c）$\bar{\lambda}$=1.6893增强图像

（d）$\bar{\lambda}$=1.0388增强图像直方图　（e）$\bar{\lambda}$=1.2865增强图像直方图　（f）$\bar{\lambda}$=1.6893增强图像直方图

图3.6　中裂缝图梯度域自适应增益增强结果

（注:彩色图片见附录。）

表 3.6　中裂缝图梯度域自适应增益增强结果参数

梯度增益均值	mean	contrast	entropy	CM	MSE	PSNR
$\bar{\lambda} = 1.0388$	97.78	8.44	5.53	11.90	2.09	45.15
$\bar{\lambda} = 1.2865$	91.50	11.61	5.79	13.95	1.82	45.87
$\bar{\lambda} = 1.6893$	81.96	16.60	6.06	16.74	4.94	41.52

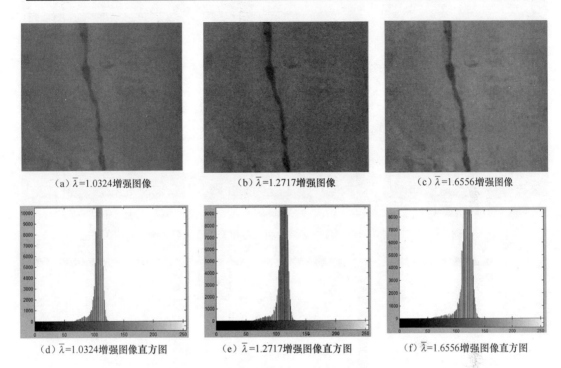

(a) $\bar{\lambda}$=1.0324增强图像　　(b) $\bar{\lambda}$=1.2717增强图像　　(c) $\bar{\lambda}$=1.6556增强图像

(d) $\bar{\lambda}$=1.0324增强图像直方图　(e) $\bar{\lambda}$=1.2717增强图像直方图　(f) $\bar{\lambda}$=1.6556增强图像直方图

图 3.7　小裂缝图梯度域自适应增益增强结果
(注:彩色图片见附录。)

表 3.7　小裂缝图梯度域自适应增益增强结果参数

梯度增益均值	mean	contrast	entropy	CM	MSE	PSNR
$\bar{\lambda} = 1.0324$	107.75	3.74	4.39	0.01	0	∞
$\bar{\lambda} = 1.2717$	112.16	5.33	4.65	0.15	0	∞
$\bar{\lambda} = 1.6556$	118.82	8.02	4.95	1.32	0	∞

　　自适应梯度均值 $\bar{\lambda}$ 的变化对于增强图像的均值、对比度、信息熵、色彩、均方误差、峰值信噪比的影响。图 3.8 所示为中裂缝图对应的梯度均值 $\bar{\lambda}$ 与相应参数之间的对应关系图,图 3.9 所示为小裂缝图对应的梯度均值 $\bar{\lambda}$ 与相应参数之间的对应关系图。

　　从图 3.8 可以看出,随着自适应梯度均值 $\bar{\lambda}$ 增加,增强图像对比度、信息熵和色彩尺度不断增加,增强图像亮度均值不断减小,而均方差和峰值信噪比则呈现波谷和波峰状

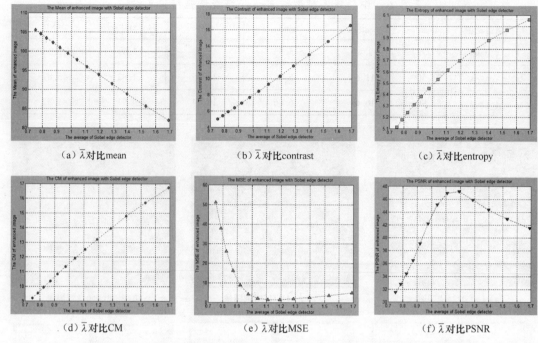

（a）$\bar{\lambda}$对比mean   （b）$\bar{\lambda}$对比contrast   （c）$\bar{\lambda}$对比entropy

（d）$\bar{\lambda}$对比CM   （e）$\bar{\lambda}$对比MSE   （f）$\bar{\lambda}$对比PSNR

图 3.8   中裂缝图增强图像的自适应增益均值与相关尺度参数之间的对应关系

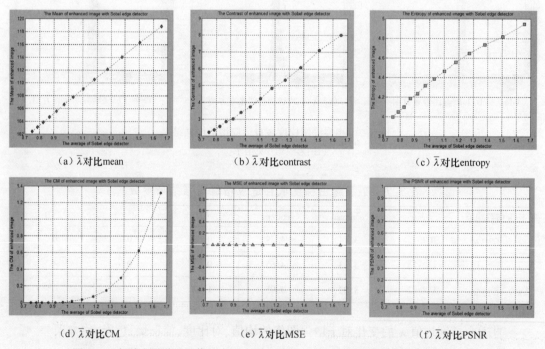

（a）$\bar{\lambda}$对比mean   （b）$\bar{\lambda}$对比contrast   （c）$\bar{\lambda}$对比entropy

（d）$\bar{\lambda}$对比CM   （e）$\bar{\lambda}$对比MSE   （f）$\bar{\lambda}$对比PSNR

图 3.9   小裂缝图增强图像的自适应增益均值与其相关尺度参数之间的对应关系

态。从图 3.9 可以看出，随着自适应梯度均值 $\bar{\lambda}$ 增加，增强图像亮度均值、对比度、信息熵和色彩尺度不断增加，均方误差和峰值信噪比基本无变化。小裂缝图对比度非常低，增强图像与原始图像像素点之间的差异非常小，故其均方误差近似为零。

3.5.5 实验结果对比分析

实验结果对比分析包括两个部分:第一部分,将本书算法与其他算法的增强效果进行对比分析;第二部分,为了达到噪声评估的目的,对图像增加确定分布的噪声,评估本书增强算法对不同噪声情况下图像的抗干扰能力。

第一部分:将本书的增强算法与同态滤波、Lal 的自适应直方图均衡[136]、Meng 的去雾算法[137],以及 Tarel 的去雾算法[138]的增强效果进行对比分析。四种算法的增强效果分别如图 3.10~图 3.13 所示,对应的增强图像尺度参数分别如表 3.8~表 3.11 所列。

第二部分:评估本书算法对包含确定分布噪声的增强效果,对原图像增加椒盐噪声信号和高斯噪声信号。椒盐噪声信号噪声密度 $d = 0.05$,高斯噪声信号噪声均值 $m = 0$、噪声方差 $var = 0.01$。为了进一步测试本书方法的鲁棒性的对比分析,继续增加椒盐噪声的噪声密度和高斯噪声的噪声方差。椒盐噪声信号噪声密度 $d = 0.10$,高斯噪声信号噪声均值 $m = 0$、噪声方差 $var = 0.02$。

在原始图像的基础上首先添加噪声信号,然后重复前面的三个实验步骤:匀光修复、暗通道先验增强和 BGLR 算法增强。中裂缝图和小裂缝图增加噪声信号的匀光修复图像、暗通道先验导引滤波输出图像、BGLR 算法增强输出图像分别如图 3.14~图 3.19 所示。

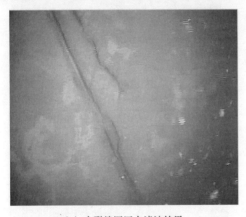

（a）中裂缝图同态滤波结果

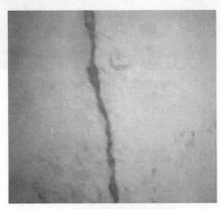

（b）小裂缝图同态滤波结果

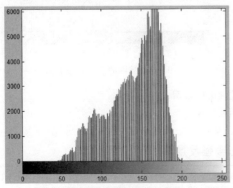

（c）中裂缝图同态滤波直方图

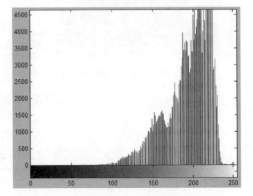

（d）小裂缝图同态滤波直方图

图 3.10　中裂缝图、小裂缝图的同态滤波增强结果

（注:彩色图片见附录。）

表 3.8　同态滤波增强尺度参数

实验图像	mean	contrast	entropy	CM	MSE	PSNR
中裂缝图	140.36	11.76	6.88	28.63	50.12	45.03
小裂缝图	193.72	16.18	6.58	46.46	449.38	21.60

从图 3.10 和表 3.8 可以看出,中裂缝图、小裂缝图的同态滤波增强图像对比度明显增加。中裂缝图的增强图像出现了偏色现象,右边暗区域亮度相比裂缝图像亮度更低,裂缝图像部分没有得到有效增强。小裂缝图的增强图像对比度增强幅度更大,直方图灰度值覆盖范围扩大,信息熵和色彩都有不同程度的增加,但左半区域亮度依然很低,与中间裂缝部分对比不明显。

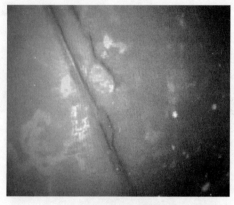
（a）中裂缝图的Lal算法结果

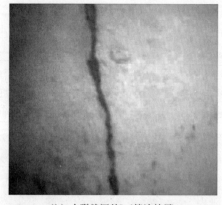
（b）小裂缝图的Lal算法结果

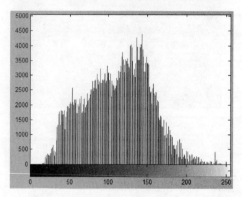
（c）中裂缝图的Lal算法直方图

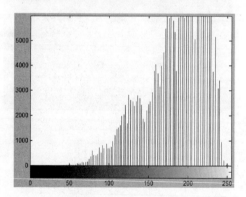
（d）小裂缝图的Lal算法直方图

图 3.11　中裂缝图、小裂缝图的 Lal 算法增强结果

（注:彩色图片见附录。）

表 3.9　Lal 算法增强尺度参数

实验图像	mean	contrast	entropy	CM	MSE	PSNR
中裂缝图	112.40	6.63	7.33	29.16	0	Inf
小裂缝图	183.54	9.51	5.82	51.61	384.83	22.28

从图 3.11 和表 3.9 可以看出,Lal 算法对中裂缝图的增强效果几乎可以忽略(关于这一点,还可以从 MSE 参数得到印证):增强图像直方图向左平移,图像的整体亮度下降,图像左下部的暗纹部分增强,但是图像右上部和右下部的暗区域依然非常灰暗、纹理细节被严重淹没,Lal 算法图像的信息熵和色彩尺度没有增加,反而有所减小。Lal 算法对小裂缝图的增强效果非常明显:直方图灰度值覆盖范围相比同态滤波更大,对比度和色彩增加,但其存在的特性依然是非均匀亮度。

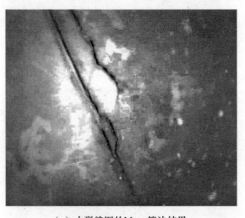
（a）中裂缝图的Meng算法结果

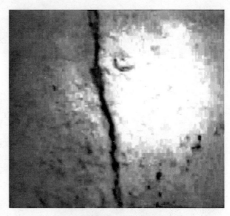
（b）小裂缝图的Meng算法结果

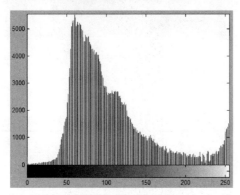
（c）中裂缝图的Meng算法直方图

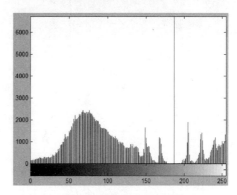
（d）小裂缝图的Meng算法直方图

图 3.12　中裂缝图、小裂缝图的 Meng 算法增强结果
(注:彩色图片见附录。)

表 3.10　Meng 算法增强尺度参数

实验图像	mean	contrast	entropy	CM	MSE	PSNR
中裂缝图	97.32	48.28	7.18	40.78	11.14	37.66
小裂缝图	130.97	79.31	6.94	62.35	777.15	19.23

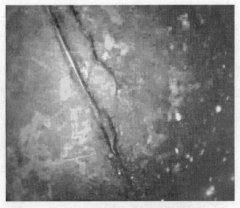

（a）中裂缝图的Tarel算法结果

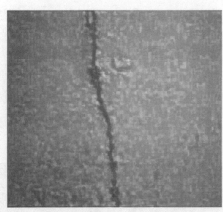

（b）小裂缝图的Tarel算法结果

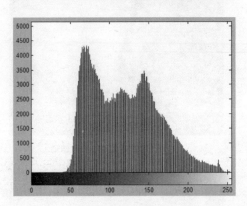

（c）中裂缝图的Tarel算法直方图

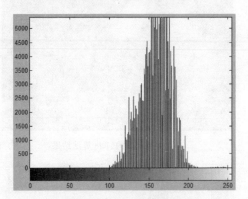

（d）小裂缝图的Tarel算法直方图

图 3.13　中裂缝图、小裂缝图的 Tarel 算法增强结果

（注：彩色图片见附录。）

表 3.11　Tarel 算法增强尺度参数

实验图像	mean	contrast	entropy	CM	MSE	PSNR
中裂缝图	111.64	54.70	7.39	40.08	9.14	38.52
小裂缝图	158.63	29.62	6.15	27.11	6.34	40.11

　　从图 3.12 和表 3.10 可以看出,Meng 算法尽管对中裂缝图、小裂缝图的对比度有很大幅度提升,但是进一步恶化了原图非均匀亮度效果:图像平滑度低、整体舒适度低。原图的中间部分光照非常强,可以将图 3.12 与图 3.2 和图 3.3 中的不同光圈图进行对比分析。另外,Meng 算法结果的直方图不规则,图 3.12(c)中的高亮度部分上翘严重,而图 3.12(d)多次出现峰谷,且完全偏离了原始直方图。

　　从图 3.13 和表 3.11 可以看出,Tarel 算法对中裂缝图的增强效果非常明显,裂缝部分的对比度大幅提升,图像左下部分暗纹的细节更加清晰,对比度有很大幅度提升,增强图像细节清晰度较高、全局舒适度较高。但是,增强图像的主要特性依然是非均匀亮度,如果只观察右下部分图像,有些星云图像的感觉。Tarel 算法对小裂缝图的增强效果则不尽人意。小裂缝图的非裂缝部分,本来颜色非常接近,几乎是白色的,但增强后出现显著暗斑;裂缝部分不但没有凸显,反而被弱化了。

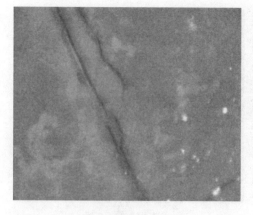

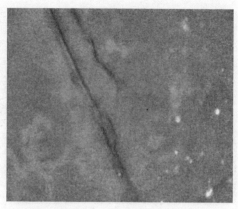

（a）高斯噪声(var=0.01)　　　　　　　　　　（b）高斯噪声(var=0.02)

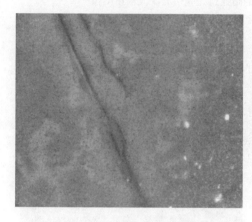

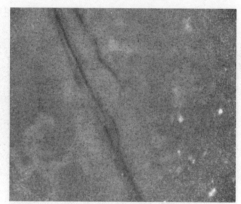

（c）椒盐噪声(d=0.05)　　　　　　　　　　（d）椒盐噪声(d=0.10)

图 3.14　中裂缝图添加噪声信号的匀光修复图像

(注:彩色图片见附录。)

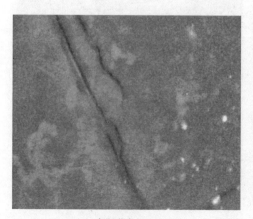

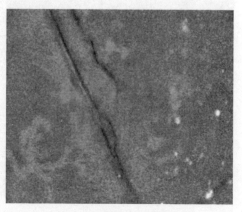

（a）高斯噪声(var=0.01)　　　　　　　　　　（b）高斯噪声(var=0.02)

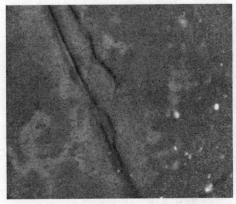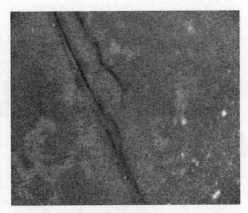

（c）椒盐噪声(d=0.05)　　　　　　　　（d）椒盐噪声(d=0.10)

图 3.15　中裂缝图添加噪声信号的暗通道先验引导滤波输出图像
（注:彩色图片见附录。）

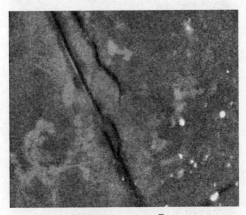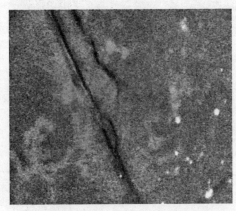

（a）高斯噪声 (var=0.01, $\bar{\lambda}$=1.9457)　　　　　　（b）高斯噪声 (var=0.02, $\bar{\lambda}$=1.9861)

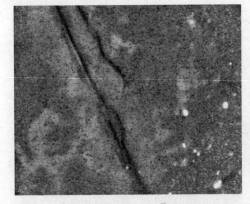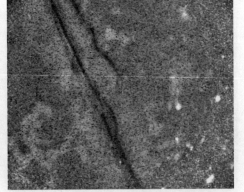

（c）椒盐噪声 (d=0.05, $\bar{\lambda}$=1.9510)　　　　　　（d）椒盐噪声 (d=0.10, $\bar{\lambda}$=2.0211)

图 3.16　中裂缝图添加噪声信号的广义有界对数运算图像
（注:彩色图片见附录。）

从图 3.14~图 3.16 可以看出,在中裂缝图的基础上添加较小取值的高斯噪声和椒盐噪声时,增强输出图像对比度较高,可以很容易辨认出裂缝部分;当噪声取值较大时,中等裂缝部分与周围部分对比度下降,但依然可以清晰辨认出裂缝部分。

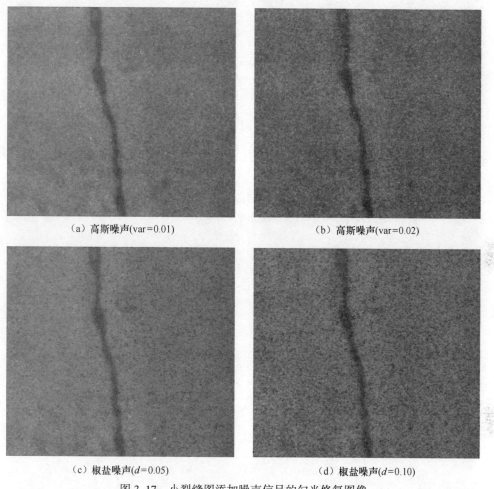

(a) 高斯噪声(var=0.01)　　　　　　　(b) 高斯噪声(var=0.02)

(c) 椒盐噪声(d=0.05)　　　　　　　(d) 椒盐噪声(d=0.10)

图 3.17　小裂缝图添加噪声信号的匀光修复图像

(注:彩色图片见附录。)

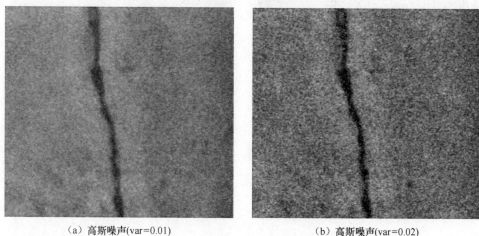

(a) 高斯噪声(var=0.01)　　　　　　　(b) 高斯噪声(var=0.02)

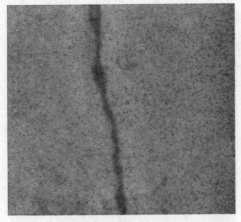
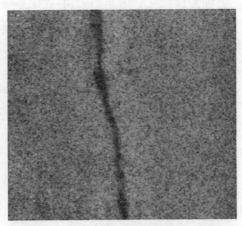

（c）椒盐噪声(d=0.05)　　　　　　　　　　（d）椒盐噪声(d=0.10)

图3.18　小裂缝图添加噪声信号的暗通道先验引导滤波输出图像

(注:彩色图片见附录。)

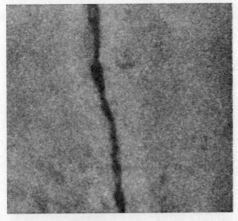
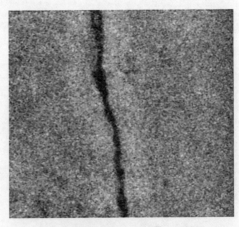

（a）高斯噪声(var=0.01, $\bar{\lambda}$=2.0598)　　　　　（b）高斯噪声(var=0.01, $\bar{\lambda}$=2.0877)

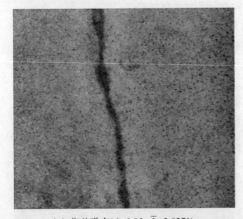
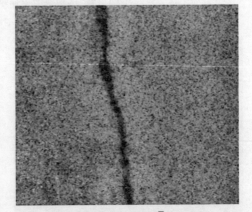

（c）椒盐噪声(d=0.05, $\bar{\lambda}$=2.0271)　　　　　（d）椒盐噪声(d=0.10, $\bar{\lambda}$=1.9943)

图3.19　小裂缝图添加噪声信号的广义有界对数运算图像

(注:彩色图片见附录。)

从图 3.17、图 3.18 和图 3.19 可以看出,在小裂缝图的基础上添加较小取值的高斯噪声和椒盐噪声时,增强输出图像对比度较高,可以很容易辨认出裂缝部分;当噪声取值较大时,小裂缝周围部分的噪声信号颜色呈现多样性的变化,小裂缝的对比度下降,但依然可以清晰辨认出裂缝部分。

分析不同算法图像增强效果,同态滤波和 Lal 自适应直方图均衡算法,都能增强原图的细节,对小裂缝图的增强效果略强于对中裂缝图的增强效果。因为中裂缝图的非均匀亮度现象比较突出,增强算法并未削弱非均匀亮度问题。而小裂缝图的非均匀亮度现象不是非常严重,增强图像突出了裂缝部分,特别是 Lal 算法增强图像主客观评估质量较好。Meng 算法和 Tarel 算法,虽然能够获得很高的对比度,但是原图的非均匀亮度现象进一步恶化,这一点在 Meng 算法中体现得更为明显;Tarel 算法能增强图像细节,但对小裂缝图出现了过度增强。

从上面实验数据可以看出,本算法的均方差明显小于其他几种算法,峰值信噪比大于其他几种算法,说明有效信号集聚性强,对噪声的抑制效果好。本章算法增强结果亮度适中,裂缝部分可以清晰辨认。尽管本章的算法的对比度不是最高,但图像平滑度、图像清晰度和全局舒适度较高。

上面实验效果图和实验测试数据表明,与其他图像增强算法相比,本章的增强算法整体图像匀光效果好,裂缝信息与背景对比明显,裂缝信息得到有效增强。

添加高斯噪声图像的增强效果与无高斯噪声图像的增强效果基本相当。虽然增加高斯噪声图像的增强效果图中还存在亮暗点噪声,但是依然能比较清晰地分辨出裂缝图像部分。

继续增加椒盐噪声的噪声密度($d=0.10$)和高斯噪声的噪声方差($var=0.02$),尽管裂缝图像增强效果开始减弱,但依然能较清晰地分辨出裂缝图像。由于受到噪声干扰,因此含椒盐噪声和高斯噪声的增强图像的均方差明显偏大,峰值信噪比减小,含椒盐噪声图像增强效果略逊于含高斯噪声图像增强效果,残留了部分噪声信号的细节信息。

添加噪声信号的实验结果证明,本章的算法能克服一定的噪声干扰,仍然能够取得较好的图像增强效果,具有较强的鲁棒性。

基于改进暗通道先验非均匀亮度水下图像增强算法能有效抑制噪声干扰信号,对裂缝信息进行图像增强,整幅图像保持了较好的匀光效果,能够满足水下大坝裂缝图像增强处理需求。

3.6　非均匀光场条件下含有其他特性图像的增强

对于应用场景,本书侧重于构建场景主导、多种特性并存、增强算法统筹安排的应用研究方案。辅助光源场景下的水下光学图像,会同时存在非均匀亮度、信噪比低、动态范围窄等降质特性。本节主要开展非均匀光场条件下含有其他特性图像增强,具体包括图像增强方法与实验研究。

3.6.1　图像增强方法

对于非均匀光场条件下的含有其他特性图像增强,根据 2.3 节含有多种特性的水下降质光学图像增强方法,开展多种特性降质水下光学图像增强研究。辅助光源场景下降质图像只存在三种降质特性:A 代表非均匀亮度特性;信噪比低与动态范围窄相伴并存,用 B 和 C 表示。辅助光源场景下,非均匀亮度特性必须优先处理;信噪比低与动态范围窄两种特性既相伴并存,又会互相消融,处理不分先后顺序。

对于信噪比低与动态范围窄特性的处理,可以通过对应的增强处理方法分别进行,在降质特性削弱到合理范围的前提下,选择一种恢复效果较好的处理结果即可。在图像恢复环节之后,进行图像增强处理。

3.6.2　实验图像

本节的原始图像,是从本章 2 幅实验图像中选取的 1 幅典型的水下降质光学图像(中裂缝图像)。这幅典型的原始水下降质光学图像,除了主要特性(非均匀亮度)比较突出,还同时综合存在其他降质特性。因此,对于原始图像基本情况,除了直方图、5 个一般的尺度参数外,还包括四类特性的具体参数,以及对应特性是否存在的判断结论。其中,4 类特性参数大小及其分析判断结论,是进一步图像恢复处理的依据。

多种特性中裂缝图像及其对应的直方图如图 3.20 所示,原始图像的 5 个尺度参数如表 3.12 所列。根据第二章水下降质光学图像特性判断相关理论,水下降质光学图像的 4 类特性参数(光圈层最大亮度差 $L_{\text{difference}}$、雾密度 D、动态范围比率 G_{dynamic}、颜色失真度 ϑ)如表 3.13 所列。水下降质光学图像的 4 类特性判断结论如表 3.14 所列("√"表示特性存在,"×"表示特性不存在)。

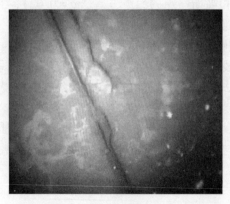
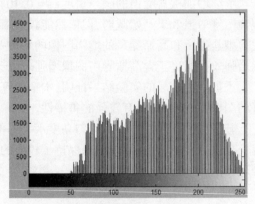

(a) 中裂缝图像　　　　　　　　(b) 中裂缝图对应的直方图

图 3.20　多种特性中裂缝图像及其对应的直方图

(注:彩色图片见附录。)

表 3.12　图 3.20 水下降质光学图像的 5 个尺度参数

实验图像	size	mean	contrast	entropy	CM
中裂缝图像	683×572	159.07	6.15	7.47	42.04

60

表 3.13　图 3.20 水下降质光学图像的 4 类特性参数

实验图像	$L_{difference}$	D	$G_{dynamic}$	ϑ
中裂缝图像	155	2.38	60.00%	1.00

表 3.14　图 3.20 水下降质光学图像的 4 类特性判断

实验图像	非均匀亮度	信噪比低	动态范围窄	颜色失真
中裂缝图像	✓	✓	✓	×

表 3.13 是特性的量值,便于比较不同图像之间同一特性的大小。表 3.14 是特性存在与否的结论,便于了解一幅图像综合存在哪些特性,为后续特性对应的图像恢复提供判断的依据。

从表 3.14 可以看出,中裂缝图像存在非均匀亮度、信噪比低、动态范围窄三类特性,属于多种特性水下降质光学图像。

3.6.3　实验结果

中裂缝图像处理实验,包括两个步骤:特性图像恢复实验、梯度域自适应增益图像增强实验。对于每一步的实验结果,均通过 4 类特性参数进行评估:一方面判断恢复图像是否存在降质特性,另一方面评估图像恢复实验的效果。中裂缝图像特性图像恢复实验,包括非均匀亮度、信噪比低、动态范围窄三类特性的图像恢复实验。

中裂缝图不同分层光圈图、匀光修正图以及对应的直方图如图 3.2 所示。中裂缝图像非均匀亮度(特性 A)、信噪比低(特性 B)、动态范围窄(特性 C)图像恢复输出图像及其对应的直方图如图 3.21 所示,图像恢复输出图像对应的尺度参数如表 3.15 所列,图像恢复输出图像对应的 4 类特性参数及其特性判断结论如表 3.16 和表 3.17 所列。

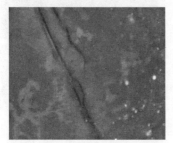
（a）特征A图像恢复

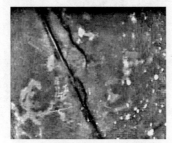
（b）特征B、特征C图像恢复1

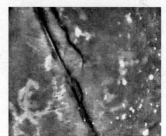
（c）特征B、特征C图像恢复2

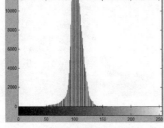
（d）特征A图像恢复直方图

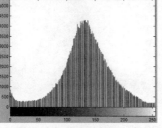
（e）特征B、特征C图像恢复1直方图

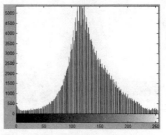
（f）特征B、特征C图像恢复2直方图

图 3.21　中裂缝图特性图像恢复输出图像及其对应的直方图

(注:彩色图片见附录。)

61

表 3.15　图 3.21 图像恢复结果对应的尺度参数

实验图像	mean	contrast	entropy	CM	MSE	PSNR
特征 A 图像恢复	99.29	5.29	5.47	11.23	1501.33	16.39
特征 B、特征 C 图像恢复 1	130.13	119.45	7.30	45.58	2424.74	14.42
特征 B、特征 C 图像恢复 2	129.47	60.90	7.36	44.08	2017.25	15.23

表 3.16　图 3.21 图像恢复结果对应的 4 类特性参数

实验图像	$L_{\text{difference}}$	D	G_{dynamic}	ϑ
特征 A 图像恢复	27	1.84	15.69%	0.92
特征 B、特征 C 图像恢复 1	11	0.36	74.90%	1.00
特征 B、特征 C 图像恢复 2	28	0.58	62.75%	1.00

表 3.17　图 3.21 图像恢复结果对应的 4 类特性结论

实验图像	非均匀亮度	信噪比低	动态范围窄	颜色失真
特征 A 图像恢复	×	✓	✓	×
特征 B、特征 C 图像恢复 1	×	×	×	×
特征 B、特征 C 图像恢复 2	×	×	×	×

中裂缝图像梯度域自适应增益增强输出图像及其对应的直方图如图 3.22 所示,自适应增益增强图像的尺度参数如表 3.18 所列,增强输出图像对应的 4 类特性参数及其特性判断结论如表 3.19 和表 3.20 所列。

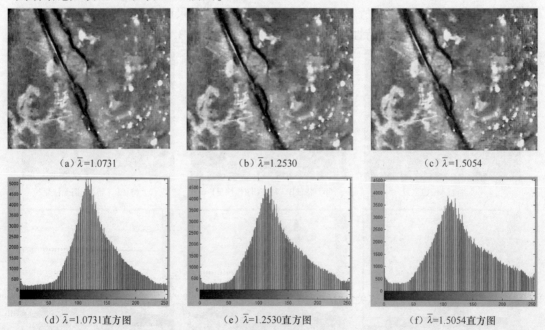

(a) $\bar{\lambda}=1.0731$　　　　(b) $\bar{\lambda}=1.2530$　　　　(c) $\bar{\lambda}=1.5054$

(d) $\bar{\lambda}=1.0731$直方图　　(e) $\bar{\lambda}=1.2530$直方图　　(f) $\bar{\lambda}=1.5054$直方图

图 3.22　中裂缝图像自适应增益增强输出图像及其对应的直方图

(注:彩色图片见附录。)

表 3.18　图 3.22 自适应增益增强结果对应的尺度参数

梯度均值	mean	contrast	entropy	CM	MSE	PSNR
$\bar{\lambda} = 1.0731$	129.91	71.98	7.45	46.33	10.24	38.03
$\bar{\lambda} = 1.2530$	130.10	86.27	7.58	50.74	38.50	32.28
$\bar{\lambda} = 1.5054$	130.25	107.35	7.71	56.31	114.72	27.54

表 3.19　图 3.22 增强结果对应的 4 类特性参数

梯度均值	$L_{difference}$	D	$G_{dynamic}$	ϑ
$\bar{\lambda} = 1.0731$	37	0.47	65.10%	1.00
$\bar{\lambda} = 1.2530$	40	0.42	70.20%	1.00
$\bar{\lambda} = 1.5054$	44	0.37	76.08%	1.01

表 3.20　图 3.22 增强结果对应的 4 类特性结论

梯度均值	非均匀亮度	信噪比低	动态范围窄	颜色失真
$\bar{\lambda} = 1.0731$	×	×	×	×
$\bar{\lambda} = 1.2530$	×	×	×	×
$\bar{\lambda} = 1.5054$	×	×	×	×

匀光效果和对比度效果是一对矛盾量:匀光分层数量越大,匀光处理效果越好,但图像对比度损失也越大;反之,匀光处理效果欠佳,但图像对比度损失较小。另外,匀光分层数量的选择还应与非均匀亮度特性程度相适应:对于轻微非均匀亮度特性,选择较小的匀光分层数量;反之,选择较大的匀光分层数量。综合以上考量,中裂缝图像具有严重非均匀亮度特性,应选择了较大的匀光分层数量。

经过图像恢复与图像增强处理,图 3.22 对应的增强图像,纹理清晰、裂缝部分突出,整幅图像非常清晰。尽管该图像的颜色显得五彩斑斓,有些失真,但不影响整张图像的视觉效果。

3.6.4　实验分析评价

本节根据水下降质光学图像增强算法实验流程图,从水下降质光学图像的 4 类特性出发,通过 1 幅典型的存在包括非均匀亮度的多种特性水下降质图像(中裂缝图像)的特性图像进行恢复和对比度增强实验,验证了包括非均匀亮度在内的多种特性水下降质光学图像增强算法的有效性。

中裂缝图像的非均匀亮度特性特别明显,通过肉眼就能察觉,其光圈层最大亮度差高达 155,通过匀光处理后,光圈层最大亮度差下降到 27。在图像恢复阶段和增强融合阶段,光圈层最大亮度差一直维持在 50 以内。另外,原始图像雾的浓度为 2.38,在图像恢复阶段下降到 0.6 以下,在增强融合阶段进一步下降到 0.5 以下。图像动态范围由 60%上升至 70%左右。中裂缝图像的裂缝部分,经过增强算法实验,获得凸显。

增强算法实验有待改进的方面是算法执行的时间比较长,主要原因是程序设计的复杂度比较高。

本 章 小 结

针对水下探测目标图像存在非均匀亮度、低对比度的复杂客观情况,本章提出一种基于改进暗通道先验非均匀亮度的水下构筑物降质图像增强算法,对降质图像进行匀光处理、增强图像对比度。

本章的匀光算法,对非均匀光照条件下的水下探测图像修复,能取得十分有效的修复效果。一方面,能消除图像过亮区域和过暗区域对图像细节的不利影响,使整体图像呈现较高图像平滑度和较好全局舒适度;另一方面,能有效刻画出光照分布图,便于分析光源在探测图像中应在的正确位置。

本章算法分为以下几个步骤:第一,对原始图像进行匀光处理,修复原始图像的非均匀亮度问题;第二,对匀光修复图像进行改进暗通道和导引滤波增强;第三,在像素融合层的基础上,提取图像梯度域边缘特征,对恢复图像进行广义有界对数运算,实现特征融合层自适应线性增强。另外,为了进一步评估本章算法的抗干扰能力,在原始图像中添加确定分布的高斯噪声和椒盐噪声,并重复了以上三个步骤。

本章选取了两幅典型的非均匀亮度水下大坝裂缝图像开展实验。原始的中裂缝图像,图像中部区域裂缝部分不突出,非均匀亮度现象异常明显,存在过度曝光现象;小裂缝图像,裂缝部分与周围部分区别不明显。经过本章图像增强算法,中裂缝图像对比度由 6.15 提升至 16.60,小裂缝图像对比度由 1.65 提升至 8.02。增强图像的细节清晰度、图像平滑度和全局舒适度得到有效提升。通过翔实的实验图像和实验数据,充分地验证了本章算法的可行性。

本章还开展了在辅助光源场景下,包括非均匀亮度的多种特性水下降质光学图像增强实验。实验结果表明,对于存在包括非均匀亮度在内的多种特性的水下降质光学图像,本章算法能将有效消除降质特性:降低光圈层亮度差异、提升信噪比、扩展图像动态范围。

实验结果表明,本章算法能实现原始采集图像自适应匀光处理,并能对辅助光源条件下的水下目标图像进行有效增强处理;能有效抑制辅助光源的噪声干扰,提升信噪比、扩展图像动态范围;能有效提升增强图像的对比度、信息熵、色彩尺度等尺度指标,整体提升增强图像的视觉质量;能适应辅助光源条件下水下降质图像的增强处理需求。

第四章　优化透射率信噪比低图像增强

水下目标降质图像中的噪声主要是由水中悬浮颗粒和溶解的化学物质引起的,视觉传感器探测到的图像实际上是由目标真实景象与噪声景象叠加合成的。光线在水体中传播时的散射和吸收作用,会引入前向散射效应和后向散射效应,这两者的共同作用,导致探测图像降质严重,给后续图像分割、特征提取和目标识别带来困难。本章主要应用基于光学成像模型透射率优化理论从观测图像中降低噪声干扰,并应用图像恢复与增强融合相结合的方法,实现水下降质图像增强。

本章 4.1 节分析了水下目标噪声干扰的主要来源,以及降质图像去噪处理、图像增强的一些方法。4.2 节提出了优化透射率信噪比低水下降质光学图像增强算法,列出了流程图,以及水下探测目标光学成像模型图像恢复算法。4.3 节在恢复图像的基础上,提出了梯度域边缘特征信息融合的图像增强算法,分别在 RGB 颜色空间和 HSI 颜色空间中进一步提升图像对比度、信息熵、色彩,提高增强图像视觉质量。4.4 节对两幅水下图像(边坡图像、diver 图像)应用本章算法和其他增强算法进行实验研究,并对实验结果进行分析研究。

4.1　引　　言

水中悬浮的颗粒和溶解的化学物质会导致水下光线的散射和吸收。光线的散射是指入射光通过水中的粒子发生多次反射和折射,光线的吸收是指光线在水中传播过程中会不断衰减。光线的散射和吸收是造成水下能见度有限的主要原因。水下能见度有限,直接导致视觉传感器获取的水下图像退化。

光线在水下传播过程中受到指数衰减的大小,取决于其光谱的波长。因为首先被吸收的是波长最长的可见光,所以红光最容易被吸收,而蓝光最难被吸收,导致水下图像以蓝色调为主。光线的指数衰减,导致水下图像的颜色变化和颜色扭曲。散射是由悬浮粒子引起的,如含有丰富粒子的浑浊水。由于光线的吸收和散射,水下获取图像与实际水下目标纹理信息和颜色存在较大差异。为了恢复水下图像,Adrian Galdren 等人提出了一种红色通道的方法[139]。在水下图像中,可以找到与波长相对应的颜色,从而恢复失去的对比度。红色通道可以理解为暗通道方法的一种变体。John Y. Chiang 和 Seiichi Serikawa 等人根据每种光线的衰减量,沿传播路径补偿衰减差异,对颜色的变化进行补偿,以恢复颜色平衡[140-141]。A. S. A. Ghani 等人将直方图的修改集成到 RGB 和 HSV 两种主要的颜色模型中[142]。Jeet Banerjee 等人采用色彩均衡进行水下图像增强,处理过程包括线性和非线性滤波器的噪声去除,以及 RGB 和 YCbCr 颜色空间的自适应对比度校正[143]。Kashif Iqbal 等人提出了一种无监督的色彩校正方法(unsuper vised colour correction method,UCM),用于水下图像增强[144]。以上方法对于水下图像增强和图像恢复具有较好应用效果,但也不可避免存在一些局限性。暗通道方法对于特别明亮区域,可能存在背景光照向量估计出现偏差。景深估计值的不准确,也可能会导致颜色补偿出现误差。颜色校正方法涉及的参数较多,直接影响到算法的可操作性。

在水下目标成像系统中,使用人工光源可以提高目标的能见度,但人工光源以不均匀的方式照亮场景,会导致中心区域的明亮斑点和周围的黑暗区域。Sonali Sachin Sankpal 等人提出利用尺度参数的极大似然估计法对非均匀亮度水下图像进行校正[145]。Zhou Yan 等应用基于人类视觉系统的多尺度 retinex 算法进行非下采样 contourlet 变换,消除非均匀亮度,并采用阈值除噪法压缩水下噪声[146]。范新南等人提出了仿水下生物视觉的大坝裂缝图像增强算法[116,118]。这些方法能够对水下图像进行增强处理,但易受水下环境噪声干扰,会出现偏色等情况,在水下裂缝图像增强处理方面局限性较大。

变换域图像增强算法也得到了广泛研究。Aysun Tasyap Celebi 提出了一种基于水下图像增强算法的经验模式分解(empirical mode decomposition,EMD)算法,通过将不同权重的频谱通道相结合,得到提高视觉质量的增强图像[147]。Sheng Mingwei 等人提出了一种基于多小波变换的中值滤波方法,可以消除模糊图像的随机噪声[148]。

考虑到水下退化图像增强处理的不同需求,Li Chong-Yi 提出了一种系统的水下图像增强算法。该方法包括去雾算法和对比度增强算法,可以产生两个版本的增强输出图像。去雾算法版本的增强输出图像具有相对真实的颜色和自然的外观,适合图像显示。对比度增强算法版本的增强输出图像具有高对比度和高亮度,可以用来提取更有价值的信息,并揭示更多的图像细节[149]。该方法在一定程度上继承了 Jin-Hwan Kim 的优化对比度方法[150]的优点,并且在优化对比度方法上做了一些改进,如在计算全局背景光向量时,充分考虑到了不同波长光线的衰减问题。但 Li Chong-Yi 的方法也存在一些不足之处:一是在去雾算法中只考虑了最小信息损失,没有考虑一定的对比度增强因素,导致下一阶段对比度增强效果有限;二是对比度增强算法中,采用的是直方图分布理论,没有充分利用原始图像丰富的纹理信息,且不能得到对比度连续可调的增强图像。

毕国玲等人开展了基于照射-反射模型和有界运算的多谱段图像增强研究,有效地解决了多谱段降质图像的增强问题[104]。但该方法只对 8bit 灰度图像的增强进行了研究,没有开展对彩色图像的增强研究。

4.2　水下探测目标成像模型图像恢复算法

本书提出了一种基于光学成像模型透射率优化水下图像增强算法,综合光学成像模型算法与有界对数运算模型算法,在水下图像去噪的基础上进行图像自适应对比度增强,实现图像纹理细节增强和颜色恢复,整体提高图像的视觉质量。

暗通道先验图像去噪的物理模型,本质上也是光学成像模型,但其与光学成像模型在全局背景光照向量与透射率估算方面,所使用的方法存在差异。

基于光学成像模型透射率优化水下图像增强算法主要包括以下两个步骤:基于水下图像成像模型的图像去噪、有界对数运算模型的对比度增强。基于光学成像模型透射率优化水下图像增强算法流程如图 4.1 所示。其中,基于水下图像成像模型的图像去噪,主要包括三个步骤:全局背景光照向量估计、介质透射率估计、介质透射率再定义。依据图像成像模型,通过反演运算得到去噪图像。有界对数运算模型的对比度增强,主要包括两个步骤:通过 Sobel 边缘检测器计算梯度域增益图像、广义有界对数运算。从原始图像中计算梯度域自适应增益图像、既能充分利用原始图像丰富的梯度信息,又能忠实于原始图像。

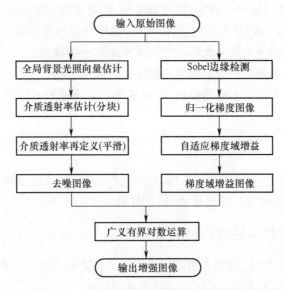

图 4.1　基于光学成像模型透射率优化水下图像增强算法流程图

去噪图像与梯度域增益图像的广义有界对数运算,可以在 RGB 颜色空间中进行,也可以在 HSI 颜色空间中进行。前者的优势在于实现不同波长光线在水下环境中传输衰减的补偿;而后者的优势在于实现图像对比度增强的同时,保持原始图像色彩向量不变。在实验验证部分,将会在 RGB 颜色空间和 HSI 颜色空间进行梯度域广义有界对数运算。

根据前期的研究成果[149-150],简化的水下图像光学成像模型可以表示为

$$I_c(p) = t_c(p)J_c(p) + (1 - t_c(p))A_c, c \in \{R, G, B\} \tag{4.1}$$

式中:$J_c(p) = (J_R(p), J_G(p), J_B(p))^{\mathrm{T}}$ 和 $I_c(p) = (I_R(p), I_G(p), I_B(p))^{\mathrm{T}}$ 分别表示在像素点位置 p 处对应的彩色真实目标图像和彩色观测图像;$A_c = (A_R, A_G, A_B)^{\mathrm{T}}$ 表示水下环境全局背景光照向量。$t_c(p) = (t_R(p), t_G(p), t_B(p))^{\mathrm{T}}$ 表示光线的投射率向量,透射率取决于光线波长,以及视觉传感器与目标之间的距离,即

$$t_c(p) = \mathrm{e}^{-\rho_c d(p)}, c \in \{R, G, B\} \tag{4.2}$$

式中:ρ_c 为光线衰减系数,不同波长的光线具有不同的衰减系数;$d(p)$ 为视觉传感器与目标之间的距离。

从式(4.1)可以看出,随着视觉传感器与目标之间距离的不断增加,$J_c(p)$ 的权重 $t_c(p)$ 逐渐下降;而 A_c 的权重 $(1 - t_c(p))$ 则不断上升,在观测图像中所占比例也越来越大。

光学成像模型的物理意义在于,通过分析计算观测图像 $I_c(p)$ 对应的全局背景光照向量 A_c 和透射率向量 $t_c(p)$,就可以反演推算出真实目标景象 $J_c(p)$。

4.2.1 全局背景光照向量估计

在观测图像 $I_c(p)$ 是已知条件时,要恢复 $J_c(p)$,必须先计算 $\boldsymbol{A}_c$ 和 $\boldsymbol{t}_c(p)$。背景光照向量通常认为是图像中最亮的部分,因为大量的雾会导致明亮的颜色。然而,基于这种假设方案,当物体比大气光照更亮时,会导致背景光照向量选择的失误。为了更加可靠地估计大气光照向量,利用这样一个事实:在有雾区域,像素值的方差一般非常低。因此,采用 1/4 树形分支法进行全局背景光照向量 $\boldsymbol{A}_c$ 估计,具体计算过程如下:

(1) 将观测图像划分为尺寸大小相等的 4 个矩形小图像块;

(2) 计算每个小图像块中像素均值与标准差之间的差值;

(3) 找出差值最大的那个小图像块,并对其进一步处理为 4 分块,获得更小的 4 个矩形小图像块;

(4) 重复步骤(2)和步骤(3),直到细分的矩形小图像块尺寸小于预先设定的尺寸阈值;

(5) 在小图像块中,最小化 $\| (I_R(p, I_G(p), I_B(p))) - (255, 255, 255) \|$ 对应的 R,G,B 像素值,作为全局背景光照向量 $\boldsymbol{A}_c$ 的估计值。

4.2.2 介质透射率估计(分块)

介质透射率 $\boldsymbol{t}_c(p)$ 估计,分两步进行:第一步,介质透射率估计(分块),透射率粗略估计;第二步,介质透射率再定义(平滑),透射率精确估计。

先做如下假设,在一定大小(32×32)的图像块内,景深相同,也就是透射率相同[73,85,149-151]。由式(4.1),目标图像可以表述为

$$J_c(p) = \frac{1}{\boldsymbol{t}_c(p)}(I_c(p) - \boldsymbol{A}_c) + \boldsymbol{A}_c \tag{4.3}$$

式中:在 $I_c(p)$ 和 $\boldsymbol{A}_c$ 已知的情况下,$J_c(p)$ 和 $\boldsymbol{t}_c(p)$ 呈反比例关系。

这里讨论均方误差(mean squared error, MSE)对比度定义恢复图像块的对比度。均方误差对比度,C_{MSE} 代表了像素值之间的差异[149,151-152],可以表示为

$$C_{\text{MSE}} = \sum_{p=1}^{N} \frac{(J_c(p) - \bar{J}_c)^2}{N} \tag{4.4}$$

式中:$c \in \{R, G, B\}$ 是颜色通道向量;$\bar{J}_c$ 是图像块内 $J_c(p)$ 的均值;N 是图像块内像素的数量。根据式(4.3),式(4.4)可以改写为

$$C_{\text{MSE}} = \sum_{p=1}^{N} \frac{(I_c(p) - \bar{I}_c)^2}{\boldsymbol{t}_c^2 N} \tag{4.5}$$

式中:$\bar{I}_c$ 是图像块内 $I_c(p)$ 的均值。从式(4.5)可以分析得到:在小图像块内,恢复图像的对比度随透射率的减小而增加。所以,为了获取恢复图像较大的对比度值,应该选择较小的透射率取值。

在图像块内,$\boldsymbol{t}_c(p)$ 和 $\boldsymbol{A}_c$ 是常数,$J_c(p)$ 和 $I_c(p)$ 呈正比例关系,比例系数为 $1/\boldsymbol{t}_c(p)$。已知 8 位图像输入像素值范围 $I_c(p) \in [0, 255]$。比例系数越大,输出像素

值 $J_c(p)$ 取值范围也就越大,就有可能超出取值范围 $[0,255]$,而超出该范围的像素值无效。换言之,比例系数越大,要得到 $[0,255]$ 的输出像素值范围,需要的输入像素值范围也就越小。直接导致有效输入像素值范围被截断,造成观测图像的信息量损失。

图 4.2 是式(4.3)对应的转换函数映射图实例,输入量是 $I_c(p)$,输出量是 $J_c(p)$。在 $[\alpha,\beta]$ 范围内的输入像素值映射到全部动态范围 $[0,255]$ 的输出像素值,透射率 t_c 决定了有效的输入量范围 $[\alpha,\beta]$。这就意味着红色区域内的信息会损失掉,带来了恢复区域的信息降质。一般而言,红色区域内的信息损失量与式(4.3)中的斜率 $1/t_c$ 成正比。因此,为了减少观测图像的信息损失,需要选择较小的比例系数,应该选择较大的透射率取值。

综合以上两方面的因素,在恢复图像的对比度和观测图像的信息量损失两方面应进行均衡处理,选择比较合适的透射率。另外,在图像块透射率估计时,应充分考虑不同波长的光线具有的不同衰减系数。

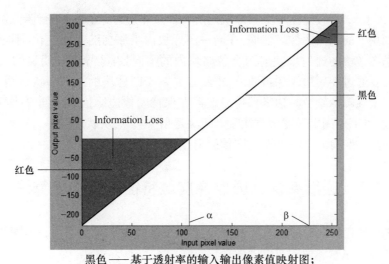

黑色——基于透射率的输入输出像素值映射图;
红色——由于输出像素点的截断而导致的信息损失。

图 4.2 一个介质透射率函数实例
(注:彩色图片见附录。)

基于以上分析,定义了对比度成本函数和信息损失成本函数,并且最小化这两个成本函数[149,150]。

首先,定义了对比度成本函数 E_{contrast},通过取 C_{MSE} 的相反数得到。对于图像块 B 的三颜色通道,E_{contrast} 可以表示为

$$E_{\mathrm{contrast}} = - \sum_{c \in \{R,G,B\}} \sum_{p \in B} \frac{(J_c(p) - \bar{J}_c)^2}{N_B} = - \sum_{c \in \{R,G,B\}} \sum_{p \in B} \frac{(I_c(p) - \bar{I}_c)^2}{t_c^2 N_B} \quad (4.6)$$

式中:$\bar{J}_c$ 和 $\bar{I}_c$ 是图像块 B 中 $J_c(p)$ 和 $I_c(p)$ 对应的均值;N_B 是图像块 B 中的像素数量;注意:通过最小化 E_{contrast},能得到最大的 MSE 对比度 C_{MSE}。

其次,定义了信息损失成本函数 E_{loss},对应于图像块 B 被截断的像素值的平方和。

E_{loss} 可以表示为

$$E_{\mathrm{loss}} = \sum_{c \in \{r,g,b\}} \left\{ \sum_{i=0}^{\alpha_c} \left(\frac{i_c - A_c}{t_c} \right)^2 h_c(i) + \sum_{i=\beta_c}^{255} \left(\frac{i_c - A_c}{t_c} + A_c - 255 \right)^2 h_c(i) \right\} \quad (4.7)$$

式中：$h_c(i)$ 表示颜色通道 c 中输入像素值为 i 时对应的直方图；α_c 和 β_c 表示截断点，如图 4.2 所示。对于图像块 B，通过最小化全局成本函数，得到优化透射率 t_c^* [150]。

$$E = E_{\mathrm{contrast}} + \eta E_{\mathrm{loss}} \quad (4.8)$$

式中：η 是控制对比度成本和信息损失成本相关重要性的权重参数。

注意：E_{contrast} 是 t_c 的单调增函数，因此优化透射率 t_c^* 可以表示为

$$t_c^* = \max \left\{ \min_{c \in \{r,g,b\}} \min_{p \in B} \left(\frac{i_c(p) - A_c}{-A_c} \right), \max_{c \in \{r,g,b\}} \max_{p \in B} \left(\frac{i_c(p) - A_c}{255 - A_c} \right) \right\} \quad (4.9)$$

通过控制权重参数 η，本章推荐算法能够实现对比度增强与信息损失之间的平衡。

4.2.3 介质透射率再定义(平滑)

在 4.2.2 小节中，假设在一个图像块内所有像素点透射率一致，进行图像块透射率估计，可以得到块状的景深图像。然而，在同一图像块内景深会随空间变化，不可能完全一致，但基于小图像块的透射率映射图会忽略块内的不同景深，导致较明显的人工块状效应。因此，需要通过使用边缘保持滤波，重新定义基于图像块的透射率映射图，缓解人工块状效应，并增强图像细节。边缘保持滤波器在保持图像边缘信息的同时[150,153-155]，力求平滑图像。本书使用引导滤波算法重新定义透射率[155]，块状透射率为输入图像，以观测图像为引导图像，得到平滑的全局图像透射率。

4.3 透射率优化图像梯度域特征融合增强算法

对于 RGB 颜色空间的梯度域广义有界对数运算，输入图像为前面一步骤的去噪恢复图像；梯度图像为原始图像的灰度图像提供。

对基于光学成像模型透射率优化的输出图像 J_{Rn}、J_{Gn} 和 J_{Bn}，分别执行梯度域广义有界对数乘法运算，增强后的分量 J_{Rn}'、J_{Gn}' 和 J_{Bn}' 分别表示为

$$\begin{cases} J_{Rn}' = \lambda_R \otimes J_{Rn} = \phi^{-1}[\lambda_R J_{Rn}] = \dfrac{1}{(J_{Rn})^{\lambda_R} + 1} \\[3mm] J_{Gn}' = \lambda_G \otimes J_{Gn} = \phi^{-1}[\lambda_G J_{Gn}] = \dfrac{1}{(J_{Gn})^{\lambda_G} + 1} \\[3mm] J_{Bn}' = \lambda_B \otimes J_{Bn} = \phi^{-1}[\lambda_B J_{Bn}] = \dfrac{1}{(J_{Bn})^{\lambda_B} + 1} \end{cases} \quad (4.10)$$

式中：$\lambda_c(i,j) = 2^{[a_c \times g_n(i,j)]} + b_c$，$c \in \{R,G,B\}$。$g_n$ 表示原始图像的灰度图像对应的归一化梯度图像。参数 a_c 和 b_c 的不同取值，用于补偿不同波长光线在水下环境中传输衰减。λ 的增益均值用 $\bar{\lambda}$ 表示。

而对于 HSI 颜色空间的梯度域广义有界对数运算，输入图像为前面一步骤的去噪恢复 RGB 图像对应的 HSI 图像；梯度图像为原始 RGB 图像对应的 HSI 图像。

对基于光学成像模型透射率优化的 RGB 图像,先转换至 HSI 颜色空间,对亮度分量 I_n 执行梯度域广义有界对数乘法运算,增强后的亮度分量 I_n' 表示为

$$I_n' = \lambda' \otimes I_n = \phi^{-1}[\lambda' I_n] = \frac{1}{(I_n)^{\lambda'} + 1} \tag{4.11}$$

式中: λ' 为原始图像的 HSI 图像的亮度分量经 sobel 边缘检测器对应的自适应梯度增益图像,其增益均值用 $\overline{\lambda'}$ 表示。

4.4　信噪比低特性图像增强实验

为了验证本章信噪比低特性图像增强算法的有效性,将对不同的水下降质图像进行实验研究。为了便于对比分析,这一部分内容还应用本章算法和其他增强算法对相同的图像进行对比实验研究。对于实验结果的分析,采用主观客观评价相结合的方法,对单幅增强图像进行了评估。客观评价尺度包括均值(mean)、对比度(contrast)、信息熵(entropy)、色彩尺度(CM)、均方误差(MSE)和峰值信噪比(PSNR)。其中,最后两项尺度用于评估增强图像与原始图像之间的误差[47]。

实验分成两个步骤:第一步,对水下图像进行基于光学成像模型的去噪处理;第二步,在不同颜色空间中对去噪图像进行梯度域广义有界对数运算,实现图像对比度自适应增强。其中,第二个步骤由两个部分组成:第一部分,在 RGB 颜色空间中进行梯度域自适应增强处理;第二部分,在 HSI 颜色空间中进行梯度域自适应增强处理。选择在不同的颜色空间中对去噪图像进行梯度域自适应增强处理,主要是基于两方面的考虑:一方面,研究梯度域广义有界对数运算增强算法对于不同的颜色空间,是否都能有较好的适用性;另一方面,研究同一种增强算法在不同的颜色空间中,是否存在差异性。此外,该差异性可能会体现在哪些方面也是考虑的关键。针对同一种增强算法在不同颜色空间中,是否存在差异性的研究结论,可以为后面章节的增强算法在不同颜色空间中的应用,提供一些理论依据。

4.4.1　实验图像

选择了两幅原始水下降质图像进行实验研究:一幅图像是水下边坡图像,另一幅是 diver 图像。两幅原始水下图像(边坡、diver)及其对应的直方图如图 4.3 所示,其原始图像的一些度量尺度参数如表 4.1 所列。

(a) 边坡图　　　　　　　　　　　　　(b) diver图像

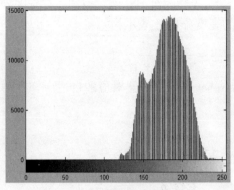
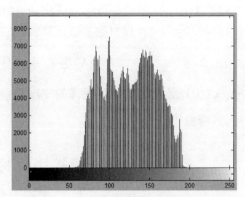

（c）边坡图对应的直方图　　　　　　　　（d）diver图对应的直方图

图 4.3　两幅水下图像（边坡、diver）及其对应的直方图

（注：彩色图片见附录。）

表 4.1　图 4.3 两幅水下图像的 5 个尺度参数

实验图像	size	mean	contrast	entropy	CM
边坡图像	1279×685	171. 10	30. 77	6. 46	32. 39
diver 图像	896×672	96. 93	1. 81	6. 71	29. 70

从图 4.3 和表 4.1 可以看出，水体或水下颗粒物等噪声对图像的干扰非常严重，两幅原始图像的对比度都很低：边坡图像对比度 30.77，而 diver 图像对比度仅为 1.81。原始图像都呈现出雾朦朦的特点，边坡图像中的石头纹理不甚清晰，图像直方图偏右，表现为图像整体亮度偏高；而 diver 图像中的右肩与背景颜色几乎分不清楚，雕像左胸部的五角星只是隐隐约约有一些轮廓。由于受到噪声的严重干扰，两幅原始图像的整体视觉效果一般。

4.4.2　实验图像去噪实验

边坡图和 diver 图基于光学成像模型的去噪图像如图 4.4 和图 4.5 所示，具体包括：图（a）1/4 树形分块图，用于估算全局背景光照向量（全局背景光照向量在标注的橙色区域内（见附录彩图），区域像素数量 ≤ 80 × 80）；图（b）32 × 32 像素分块图，用于估计粗略透射率；图（c）32 × 32 像素分块透射率估计图（存在块状效应，$\eta = 5$）；图（d）去噪恢复图像（存在块状效应）；图（e）引导滤波透射率估计图（消除块状效应）；图（f）去噪恢复图像。

在图 4.4 中，图（c）和图（e）分别为原始图像的分块透射率估计图（粗略估计图）和导引滤波透射率估计图（精确估计图），因为原始图像景深差异很小，故在图（c）中只能看到块状图，几乎辨别不出原始图像的大致轮廓，而在图（e）中原始图像的轮廓已经非常清晰。图（d）和图（f）分别为对应的去噪恢复图（粗略估计图）和去噪恢复图（精确估计图）。同样，因为原始图像景深差异很小，图（d）中的块状效应不是非常明显。将图（f）和图（a）进行对比可以看出：图（f）的去噪效果明显；图（f）的颜色更加鲜活，图像左上角的水草更红，而右下角的花儿更黄，深褐色的鱼儿与石头之间的对比更加明显；但图（f）上半部分的"雾气"还有部分残留，图像下半部分比上半部分的去噪效果略强一些。

(a) 1/4树形分块图　　　　　　　(b) 32×32像素分块图　　　　　　　(c) 分块透射率估计图

(d) 去噪恢复图像(块状效应)　　　(e) 引导滤波透射率估计图　　　　　(f) 去噪恢复图像

图4.4　边坡图基于光学成像模型的去噪图像

(注:彩色图片见附录。)

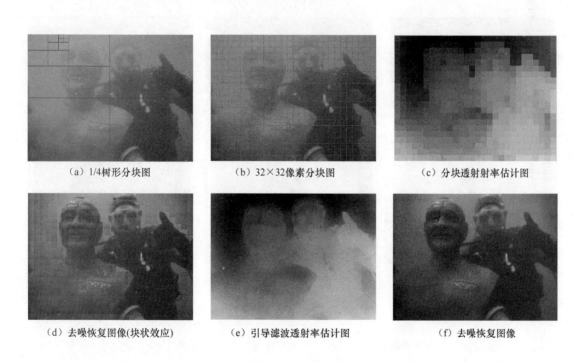

(a) 1/4树形分块图　　　　　　　(b) 32×32像素分块图　　　　　　　(c) 分块透射率估计图

(d) 去噪恢复图像(块状效应)　　　(e) 引导滤波透射率估计图　　　　　(f) 去噪恢复图像

图4.5　diver图基于光学成像模型的去噪图像

(注:彩色图片见附录。)

　　图4.5中的布局安排,与图4.4完全一致。与边坡图相比,diver图像目标与背景之间存在明显的景深差异,且图像整体对比度更低。因为原始图像景深差异较大,故在图(c)的分块透射率估计图,也能辨别出原始图像的大致轮廓,而在图(e)中原始图像的轮廓就非常清晰。同样,因为原始图像景深差异较大,图(d)中的块状效

应非常明显。将图(f)和图(a)进行对比可以看出:图(f)的去噪效果较明显;图(f)中的目标已经从背景中凸显出来,雕像的头部和潜水员的头部与背景色对比明显;图(f)的颜色开始有些灵动,潜水员面罩显现出蓝色边框,雕像胸部开始由干扰绿色向古铜色的原色过渡。因为水下雕像图像的对比度很低,相比于图4.4,图4.5的去噪恢复效果稍逊一些。

4.4.3 RGB颜色空间广义有界对数运算图像增强实验

对边坡图像运用 Lal 等人的自适应直方图均衡[136]、Meng 等人的去雾[137]以及 Tarel 等人的去雾[138]进行图像增强处理,增强结果如图4.6所示。在去噪恢复图像的基础上,在 RGB 颜色空间中运用本章算法,取不同自适应梯度增益均值 $\bar{\lambda}$ 的增强图像及其对应的直方图如图4.7所示。自适应梯度增益均值 $\bar{\lambda}$ 与增强图像对应的亮度均值(mean)、对比度(contrast)、信息熵(entropy)、色彩(CM)、均方差(MSE)和峰值信噪比(PSNR)的关系曲线如图4.8所示。图4.6和图4.7实验结果对应的增强图像尺度参数分别如表4.2和表4.3所列。

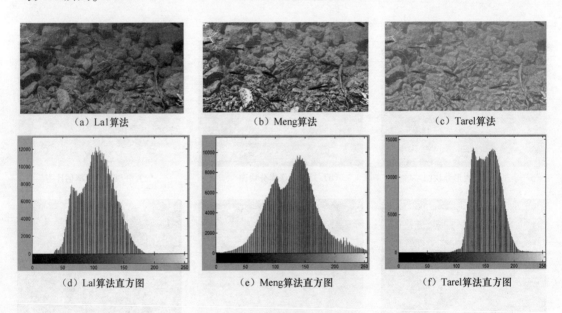

图 4.6 边坡图不同算法的增强结果(一)

(注:彩色图片见附录。)

表 4.2 图 4.6 增强结果对应的尺度参数

算法	mean	contrast	entropy	CM	MSE	PSNR
Lal	108.16	43.69	6.60	35.26	0.00	Inf
Meng	128.91	248.23	7.30	46.55	45.16	31.58
Tarel	144.67	79.85	6.50	29.54	1.01	48.08

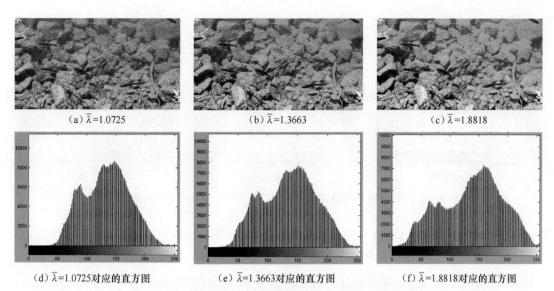

（a）$\overline{\lambda}$=1.0725　　　　　　（b）$\overline{\lambda}$=1.3663　　　　　　（c）$\overline{\lambda}$=1.8818

（d）$\overline{\lambda}$=1.0725对应的直方图　　（e）$\overline{\lambda}$=1.3663对应的直方图　　（f）$\overline{\lambda}$=1.8818对应的直方图

图 4.7　本章算法对边坡图在 RGB 空间的增强结果

（注:彩色图片见附录。）

表 4.3　图 4.7 增强结果对应的尺度参数

梯度均值	mean	contrast	entropy	CM	MSE	PSNR
$\overline{\lambda}$ = 1.0725	127.19	141.07	7.26	38.87	10.35	38.73
$\overline{\lambda}$ = 1.3663	128.13	190.35	7.38	45.01	88.73	30.79
$\overline{\lambda}$ = 1.8818	130.04	274.95	7.41	53.65	373.87	24.40

从图 4.6 和表 4.2 可以看出,Lal 算法增强效果可以忽略;Tarel 算法结果几乎丧失了原始图像的景深信息;虽然 Meng 算法对比度提升很大,但近景处过度增强与远景处噪声依旧形成鲜明对比。从图 4.7 和表 4.3 可以看出,本章算法对于坝体边坡图像增强,在对比度提升的同时,能兼顾图像信息熵、图像色彩尺度等因素,能有效抑制噪声,还能较均衡地提升整体图像的视觉质量。

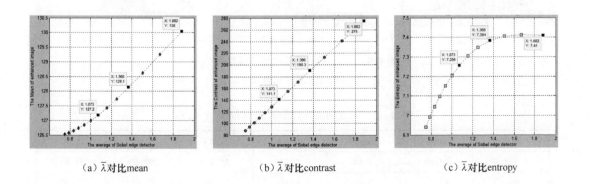

（a）$\overline{\lambda}$对比mean　　　　　　（b）$\overline{\lambda}$对比contrast　　　　　　（c）$\overline{\lambda}$对比entropy

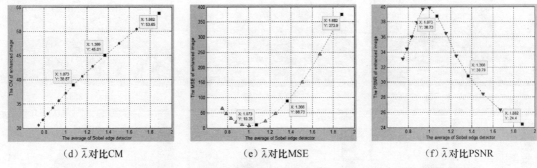

(d) $\overline{\lambda}$ 对比CM   (e) $\overline{\lambda}$ 对比MSE   (f) $\overline{\lambda}$ 对比PSNR

图4.8　边坡图的RGB增强图像自适应增益均值与相关尺度参数的对应关系

对diver图像运用Lal等人的自适应直方图均衡[136]、Meng等人的去雾[137]以及Tarel等人的去雾[138]增强结果如图4.9所示。在去噪恢复图像的基础上,在RGB颜色空间运用本章算法,不同自适应梯度增益均值 $\overline{\lambda}$ 增强图像及其对应的直方图如图4.10所示,自适应梯度增益均值 $\overline{\lambda}$ 与增强图像对应的尺度参数的关系曲线如图4.11所示。图4.9和图4.10实验结果对应的增强图像尺度参数分别如表4.4和表4.5所列。

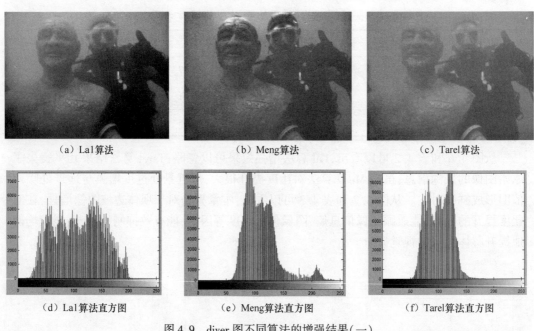

(a) La1算法   (b) Meng算法   (c) Tarel算法

(d) La1算法直方图   (e) Meng算法直方图   (f) Tarel算法直方图

图4.9　diver图不同算法的增强结果(一)

(注:彩色图片见附录。)

表4.4　图4.9增强结果对应的尺度参数

算法	mean	contrast	entropy	CM	MSE	PSNR
Lal	93.80	5.44	7.20	35.79	237.63	51.03
Meng	83.27	7.40	6.33	38.49	71.48	29.59
Tarel	63.61	4.84	5.61	44.37	2.79	43.67

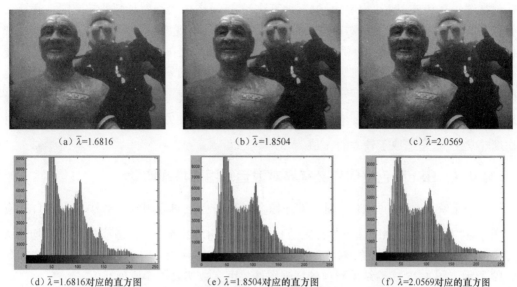

(a) $\overline{\lambda}=1.6816$ (b) $\overline{\lambda}=1.8504$ (c) $\overline{\lambda}=2.0569$

(d) $\overline{\lambda}=1.6816$对应的直方图   (e) $\overline{\lambda}=1.8504$对应的直方图   (f) $\overline{\lambda}=2.0569$对应的直方图

图 4.10　本章算法对 diver 图在 RGB 空间的增强结果

(注:彩色图片见附录。)

表 4.5　图 4.10 增强结果对应的尺度参数

梯度增益均值	mean	contrast	entropy	CM	MSE	PSNR
$\overline{\lambda}$ = 1.6816	52.92	11.88	5.74	44.48	52.90	37.90
$\overline{\lambda}$ = 1.8504	51.52	12.33	5.56	46.14	75.93	36.32
$\overline{\lambda}$ = 2.0569	50.18	12.99	5.31	48.13	106.70	34.84

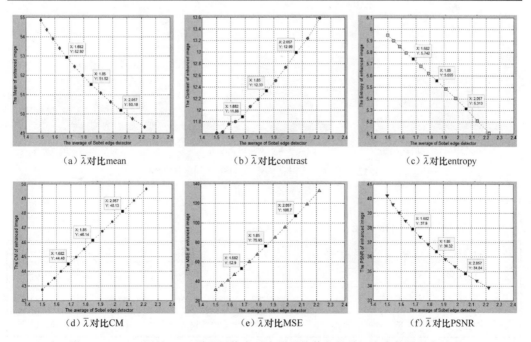

(a) $\overline{\lambda}$对比mean   (b) $\overline{\lambda}$对比contrast   (c) $\overline{\lambda}$对比entropy

(d) $\overline{\lambda}$对比CM   (e) $\overline{\lambda}$对比MSE   (f) $\overline{\lambda}$对比PSNR

图 4.11　diver 图的 RGB 增强图像自适应增益均值与相关尺度参数的对应关系

从图 4.9 和表 4.4 可以看出,这三种算法对 diver 图像增强效果都非常有限,Lal 算法有较高的信息熵,Meng 算法对比度提升幅度最大,不均衡现象严重,雕像头顶过度曝光现象凸显。将图 4.10 与图 4.9 对比,本章算法的增强效果更加明显,雕像面部和胸前的噪声被有效清除,雕像的主体轮廓更加突出,雕像与潜水员的景深差异可以清晰分辨出来。随着自适应梯度增益均值 $\bar{\lambda}$ 增加,图像对比度、图像色彩尺度均不断增加,图像的去噪效果更加明显;图像细节清晰度增加,图像全局舒适度增加。另外,因为原始图像本身的对比度非常小,这里选取了较大的 $\bar{\lambda}$ 值。

4.4.4 HSI 颜色空间广义有界对数运算图像增强实验

在去噪恢复图像的基础上,对边坡图像在 HSI 颜色空间运用本章算法取不同自适应梯度增益均值 $\bar{\lambda}$ 的增强图像及其对应的直方图如图 4.12 所示。自适应梯度增益均值 $\bar{\lambda}$ 与增强图像对应的亮度均值、对比度、信息熵、色彩、均方差和峰值信噪比的关系曲线如图 4.13 所示。图 4.12 实验结果对应的增强图像尺度参数如表 4.6 所列。

对于边坡图像,对比在 HSI 空间和 RGB 空间的增强结果,在相同的自适应梯度增益均值 $\bar{\lambda}$ 情况下,HSI 空间的图像对比度和信息熵提升更高,石头表面的纹理信息、细小树枝细节更加清晰。但 HSI 空间的图像颜色略显呆滞,缺乏 RGB 空间的图像鲜活特性。

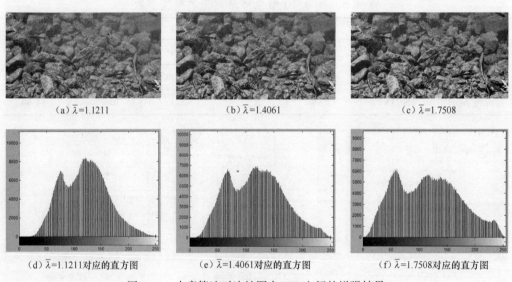

(a) $\bar{\lambda}=1.1211$　　　　(b) $\bar{\lambda}=1.4061$　　　　(c) $\bar{\lambda}=1.7508$

(d) $\bar{\lambda}=1.1211$ 对应的直方图　　(e) $\bar{\lambda}=1.4061$ 对应的直方图　　(f) $\bar{\lambda}=1.7508$ 对应的直方图

图 4.12　本章算法对边坡图在 HSI 空间的增强结果

(注:彩色图片见附录。)

表 4.6　图 4.12 增强结果对应的尺度参数

梯度增益均值	mean	contrast	entropy	CM	MSE	PSNR
$\bar{\lambda}=1.1211$	117.93	171.46	7.33	29.54	6.50	40.05
$\bar{\lambda}=1.4061$	115.97	256.17	7.52	30.56	45.12	31.63
$\bar{\lambda}=1.7508$	113.87	368.81	7.68	32.64	127.34	27.12

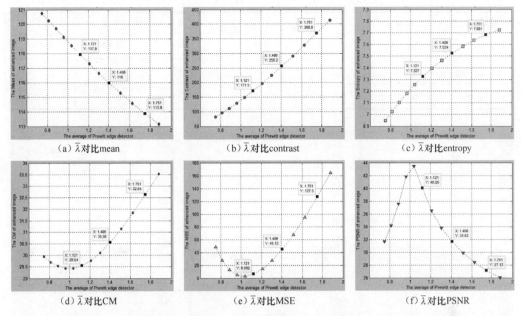

（a）λ̄对比mean　　　　　　（b）λ̄对比contrast　　　　　　（c）λ̄对比entropy

（d）λ̄对比CM　　　　　　（e）λ̄对比MSE　　　　　　（f）λ̄对比PSNR

图 4.13　边坡图的 HSI 增强图像自适应梯度增益均值与相关尺度参数对应关系

在去噪恢复图像的基础上,对 diver 图在 HSI 颜色空间运用本章算法取不同自适应梯度增益均值 $\bar{\lambda}$ 的增强图像及其对应的直方图如图 4.14 所示。自适应梯度增益均值 $\bar{\lambda}$ 与增强图像对应的亮度均值、对比度、信息熵、色彩、均方差和峰值信噪比的关系曲线如图 4.15 所列。图 4.14 实验结果对应的增强图像尺度参数如表 4.7 所列。为了便于对比分析,在广义有界对数运算实验中,在 HSI 空间和 RGB 空间中的自适应梯度增益均值 $\bar{\lambda}$ 取值基本一致。

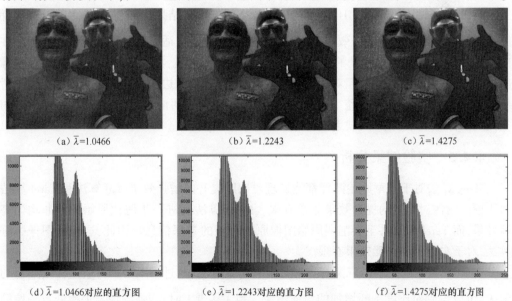

（a）λ̄=1.0466　　　　　　（b）λ̄=1.2243　　　　　　（c）λ̄=1.4275

（d）λ̄=1.0466对应的直方图　　　（e）λ̄=1.2243对应的直方图　　　（f）λ̄=1.4275对应的直方图

图 4.14　本章算法对 diver 图在 HSI 空间的增强结果

（注:彩色图片见附录。）

表 4.7　图 4.14 增强结果对应的尺度参数

梯度增益均值	mean	contrast	entropy	CM	MSE	PSNR
$\overline{\lambda} = 1.0466$	74.12	18.95	6.41	29.47	7.67	40.92
$\overline{\lambda} = 1.2243$	67.14	31.14	6.47	27.65	5.70	41.79
$\overline{\lambda} = 1.4275$	60.07	47.30	6.52	25.88	6.77	40.52

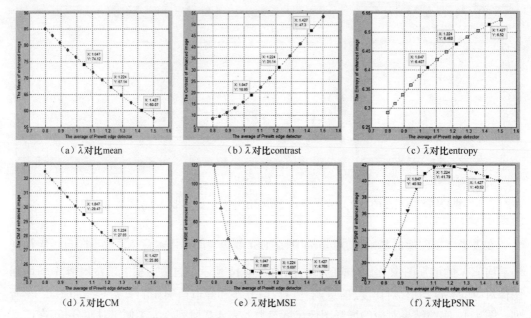

图 4.15　diver 图的 HSI 增强图像自适应增益均值与相关尺度参数对应关系

对于 diver 图像,对比在 HSI 空间和 RGB 空间的增强结果,HSI 空间较小的自适应梯度增益均值 $\overline{\lambda}$ 的对比度增强效果,需要 RGB 空间较大的自适应增益均值 $\overline{\lambda}$ 才能实现。在 HSI 空间中,对于同一景深处的目标,图像对比度提升明显,如雕像胸前的五角星和雕像胸部的刀刻纹理更加清晰;但对于不同景深处的图像,图像边缘锐化严重。图像整体平滑度较差,图像视觉舒适度较差。同样,尽管在 HSI 空间的图像对比度提升明显,但在 HSI 空间的图像颜色略显呆滞,缺乏 RGB 空间的图像鲜活特性。

4.4.5　实验结果分析

Meng 算法对于本章原始图像都能实现对比度提升的增强效果,Lal 算法和 Tarel 算法对于原始图像对比度的提升效果非常有限。Meng 算法会进一步恶化原始图像非均匀亮度效果,而 Tarel 算法甚至会削弱原始图像原本有限的景深信息。因此,这三种图像去雾算法,对于水下图像去噪效果有限。

在 RGB 颜色空间运用广义有界对数运算增强算法,通过不断增加自适应梯度增益均值 $\overline{\lambda}$,可以得到对比度不断增加的增强图像。当 $\overline{\lambda}$ 接近 1 时,增强图像与去噪恢复图像的对比度基本相当。要获取较高对比度的增强图像,必须增加 $\overline{\lambda}$ 的数值。从图 4.8 和

图 4.11 可以看出,随着 $\bar{\lambda}$ 数值的不断增加,增强图像的对比度和色彩尺度均有较大增加,而图像的亮度均值和信息熵变化趋势则并非完全相同。图 4.7 中,随着 $\bar{\lambda}$ 数值的不断增加,坝底边坡图像的噪声逐渐清除,增强图像直方图也逐渐加宽;图 4.10 中,随着 $\bar{\lambda}$ 数值的不断增加,水下雕像图像的噪声也被逐渐清除,增强图像直方图也逐渐加宽,增强图像视觉质量提升明显,整体画面层次感不断分明,古铜色雕像的近景不断凸显。在 RGB 颜色空间中,对比度较小的原始图像,其主观视觉效果相对较好。

在 HSI 颜色空间运用广义有界对数运算增强算法,通过不断增加自适应梯度增益均值 $\bar{\lambda}$,也可以得到对比度不断增加的增强图像。对于相同的自适应梯度增益均值 $\bar{\lambda}$,HSI 空间比 RGB 空间图像对比度增强幅度更大,但图像色彩明显呆滞,不够鲜亮。从图 4.13 和图 4.15 可以看出,随着 $\bar{\lambda}$ 的数值的不断增加,增强图像的亮度均值下降,而对比度和信息熵不断增加,均方差和峰值信噪比则呈现出波峰波谷状况。相比于 RGB 颜色空间,增强图像的信息熵没有出现波峰情况,在 HSI 空间中,图像对比度增加的同时,没有损失图像的信息熵。相比于 RGB 颜色空间,广义有界对数运算增强算法在 HSI 颜色空间中有更大的对比度提升空间,但会损失图像色彩信息。在 HSI 颜色空间中,对比度较大的原始图像,其增强效果相对较好。

自适应梯度增益均值 $\bar{\lambda}$ 大小的选择要适当,以保证增强图像较大的对比度、信息熵和色彩尺度,以及最小的均方差。进一步对增强图像进行评估时,这些评估尺度应整体综合考量,而不能单独考量。对于在 RGB 空间或 HSI 空间中运用广义有界对数运算,先需要结合原始图像本身的特点,以及图像增强的侧重点综合分析,然后进行颜色空间的选择。

本 章 小 结

由于水中悬浮颗粒和溶解的化学物质引起的噪声干扰,观测图像中目标真实景象信息所占比重下降,观测图像纹理细节模糊,水下图像视觉质量严重下降。本章提出了一种透射率优化信噪比低水下降质光学图像增强算法,对观测图像进行去噪处理,并提升水下图像的对比度。

基于光学成像模型透射率优化算法,先从观测图像出发,提取背景光照向量,综合对比度和信息损失两方面的因素,估计最优透射率。然后,从观测图像反演推导出去噪的真实目标景象。梯度域广义有界对数运算,在去噪恢复图像的基础上进行梯度域边缘特征自适应增强算法,进一步提升原始图像的对比度。

本章算法主要包括两个部分:一是基于水下图像的光学成像模型的图像去噪,二是基于梯度边缘特征融合理论的广义有界对数运算模型的对比度增强。基于水下图像的光学成像模型的图像去噪,主要包括三个步骤:全局背景光照向量估计、介质透射率估计、介质透射率再定义。其依据图像的光学成像模型,通过反演运算得到去噪恢复图像。有界对数运算模型的对比度增强,主要包括两个步骤:一是通过 Sobel 边缘检测器计算梯度域增益图像,二是广义有界对数运算。从原始图像中计算梯度域增益图像,既能充分利用原始图像丰富的梯度信息,又能忠实于原始图像。

为了验证本章算法的有效性,选取了两幅信噪比低、对比度低的水下原始图像(边坡图像、diver 图像)开展实验。该实验结果和分析小结给出了丰富翔实的实验图像和实验数据。该实验结果表明,基于光学成像模型透射率优化水下图像增强算法能有效抑制噪声干扰,能获得更多的细节增强和更高的色彩信息。对于边坡图像,运用本章增强算法,水体干扰降低,石头轮廓、鱼儿图像的对比度得到了显著增强,细节纹理信息进一步凸显。对于 diver 图像,雕像胸前的噪声被有效清除,雕像刀刻纹理信息凸显,图像的色彩得到极大的恢复,呈现出丰富的原始本色。增强图像的细节清晰度、图像平滑度和全局舒适度得到有效提升。

实验证明,本章算法对于信噪比低、对比度低的水下图像,能有效去除噪声干扰,能实现纹理更加清晰的增强效果,具有明显的图像增强效果。本章的方法能够适应噪声干扰的信噪比低水下降质图像的增强处理。

第五章 仿生视觉 retinex 模型动态范围窄图像增强

在实际应用中 8bit 数字照相机获取的探测目标图像,只能记录有限范围的灰阶与颜色数,其动态范围只有两个数量级[0,255],远远小于常见的自然场景的动态范围(160dB)及人眼所能感知的动态范围(10 个数量级)。由于受到水下光照条件的限制和悬浮颗粒的干扰,数字照相机输出图像的动态范围会进一步缩小。所以,水下目标探测图像动态范围不足的问题,对图像目标识别和信息提取带来较大的负面影响。本章主要应用基于双重滤波的仿生视觉 Retinex 模型,自适应扩展原始图像的动态范围,从而进一步提取原始图像的纹理信息,并应用梯度域边缘特征融合算法实现水下降质图像增强。

本章 5.1 节介绍 retinex 理论的相关研究。5.2 节提出视觉仿生感知 retinex 模型算法,带色彩恢复多尺度的 retinex(multi-sale retinex with color restoration,MSRCR)仿生感知增强算法。5.3 节提出改进双重滤波 retinex 模型图像增强算法,包括自适应尺度因子高斯滤波 MSRCR 算法和 HSI 颜色空间引导滤波算法。5.4 节在像素融合层图像动态范围扩展的基础上,提出梯度域边缘特征信息融合的广义有界对数运算图像增强算法,分别在 RGB 颜色空间和 HSI 颜色空间中进一步提升增强图像的对比度、信息熵、色彩尺度参数,提高增强图像视觉质量。5.5 节对两幅水下图像(边坡图像、diver 图像)进行实验研究,取得了丰富的实验数据结果,并对实验结果进行分析。

5.1 引　　言

英国物理学家、数学家麦克斯韦(Maxwell)于 1850—1855 年在英国剑桥大学学习,1856—1860 年在英国圣母玛利亚学院聘为讲座教授,主讲自然哲学课程。1860—1865 年转到英国伦敦皇家学院任教,成为实验物理学教授和卡文迪许(Cavendish)实验室的第一任负责人。1861 年,麦克斯韦在英国皇家学会的"Friday Evening Discourse"报告:三原色投影实验,在百年之后引起了美国物理学家 E. H. Land 的兴趣。1963 年,Land 在重复麦克斯韦的三原色投影实验时,提出了 retinex[156] 理论,该理论是人类视觉彩色理论之一。

经典的彩色视觉理论一般认为物体的颜色是由物体反射光的频率和强度决定的。这种彩色视觉理论自诞生以来,一直引导着人们认识和解释有关色彩的现象。然而,Land 却发现有些物理现象采用传统的色彩理论无法解释。他发现人眼在感知外界场景颜色的过程中,能够自主克服光源强度和照射不均匀等一系列不确定因素的干扰,而只保留场景本身的反射等信息。1963 年,他在俄亥俄州第一次描述了 retinex 理论。retinex 理论是一种建立在科学实验与理论分析相结合基础上的图像增强方法,作为人类视觉亮度和颜色感知的物理模型,用于解释人类视觉系统的颜色恒常性[157]。retinex 是由两个单词合成的一个词语,它们分别是 retina(视网膜)和 cortex(皮层)。

retinex 理论主要包含以下两方面内容:一是物体的颜色是由物体对不同波长光线的反射能力决定的,而不是由反射光线强度的绝对值决定;二是物体的色彩不受光照不均匀的影响,具有色彩一致性。在此基础之上,很多研究人员提出了不同的应用模型,包括高动态范围图像压缩[158]、图像增强[159]等。区别于传统的线性、非线性的只能增强图像某一类特征的方法,retinex 理论可以在动态范围压缩、边缘增强和颜色恒常三个方面实现平衡,并对各种不同类型的降质光学图像进行自适应增强。

基于仿生视觉感知 retinex 理论的增强方法根据照射分量和反射分量的可以分为随机路径(random walk)的 retinex 方法[160-161]、中心/环绕(center/ surround)的 retinex 方法[162-172]、求偏微分方程(partial differential equation)的 retinex 方法[173]、求解能量泛函(energy function)的 retinex 方法等[174-176]。

中心/环绕的 retinex 方法将随机路径的 retinex 方法中阈值的选取转化为高斯滤波器参数的选择,并通过高斯滤波器参数调节光照向量。传统的中心/环绕的 Retinex 方法去除照射分量而保留反射分量[156,177]。多年来,J. J. McCann 和 D. J. Jobson、Zia - Ur Rahman、G. A. Woodell 等研究人员模仿人类视觉系统模型,发展了中心/环绕的 retinex 算法,即从单尺度 retinex 算法(single scale retinex,SSR)改进成多尺度加权平均的 retinex 算法(multi-scale retinex,MSR)[178-179],进一步发展成带彩色恢复的多尺度 retinex 算法[164](multi-scale retinex with color restoration,MSRCR)。

MSRCR 算法对于低对比度的遥感图像[180]、医学图像[181-182]、有雾图像[183-187]等具有较好的增强效果,可以理解为它就是为在成像条件不理想的状态下拍摄图像的增强而设计的。在工业应用领域,MSRCR 算法也受到重视。为了解决现有的智能烟丝机的数据传输问题和烟道高度识别问题,提高检测算法的实用性和鲁棒性,所以设计了一种烟草浇头机的无线控制系统。该系统采用 MSRCR 算法对检测图像进行预处理[188]。

Ma 等人在 MSRCR 算法改进的基础上,结合高斯滤波和导引滤波,对遥感图像进行增强处理[180]。Liu 等人提出了一种基于景深图像的自适应视网膜去雾算法,用于复杂结构的图像去雾[183]。Ma 等人针对图像信息缺失、区域轮廓分割精度低、抗干扰能力差的问题,结合 MSRCR 算法,提出了一种基于改进分水岭算法的彩色花纹图像分割方法[189]。

研究 MSRCR 算法对一种新的图像保真度评估框架的影响。该框架由信息熵保真度、成分保真度和颜色保真度三个部分组成。为了验证保真度标准的合理性,使用了流行的图像质量评估(image quality assessment,IQA)数据库,其结果表明该方法与主观评价更加匹配。同时,用多尺度视网膜颜色恢复(MSRCR)算法验证了方法的有效性[190]。研究了 MSRCR 对增强图像三种保真度(图像的信息熵、图像的成分和图像的颜色关系)的影响表明,MSRCR 会导致上述三种保真度的扭曲[191]。

本章在研究 retinex 模型的基础上,针对水下降质光学图像动态范围窄的特性,对传统 retinex 算法进行了改进;将 MSRCR 算法和广义有界对数运算相结合,提出仿生视觉 retinex 模型动态范围窄水下降质光学图像增强算法。

5.2 仿生视觉感知 retinex 模型增强算法

5.2.1 多尺度 retinex 感知增强算法

retinex 理论,即视网膜(retina)-大脑皮层(cortex)理论。该理论解释了人眼如何感知物体亮度和颜色。Land 所提出的 retinex 模型是感知物体亮度和色度的仿生视觉模型,模拟人眼视觉成像模型,将图像分成入射光和反射光两部分,共同作用形成视觉图像。在视觉成像系统中,由入射光照向量得到的图像信息熵较小,而由物体反射向量得到的图像信息熵较大;前者对应于光照图像,后者对应于反射图像。

Kimmel 等人[173,192]提出了在变分框架下的 retinex 模型。该模型将光照向量认为是图像的乘性噪声,并将去除视觉图像中的光照向量作为一个反问题来处理。该模型将各种 retinex 方法规范成统一的变分形式。

retinex 理论的基本假设:原始图像是光照图像和反射图像的乘积,即

$$S(x,y) = R(x,y) \times L(x,y) \tag{5.1}$$

式中: $S(x,y)$ 是原始图像; $L(x,y)$ 和 $R(x,y)$ 分别是光照图像和反射图像。 $L(x,y)$ 光照图像是低频分量,描述物体周围亮度信息,与物体本身无关; $R(x,y)$ 反射图像说明物体本身的性质,反映物体细节信息; $S(x,y)$ 原始图像,反映人眼观察到的视觉成像特征。

基于 retinex 理论图像增强算法,是从原始图像信息中估计出光照图像分量,并从原始图像中去除光照分量,保留原始图像中的反射分量。反射分量反映了物体的本质属性,即自然场景的本来面目,也就是增强图像。

在实际的图像处理过程中,通常会将各图像转换至对数域,从而将乘法、除法运算转化成加法、减法运算形式:

$$\log R(x,y) = \log S(x,y) - \log L(x,y) \tag{5.2}$$

retinex 理论的关键在于通过某种机制实现当前点和邻域中心其他点的比较。首先从原始图像中估算出光照,然后在对数域中减去光照图像得到增强后的反射图像。

光照分量的估计一般用原始图像与环绕函数的卷积[156]来计算:

$$L(x,y) = S(x,y) * G(x,y) \tag{5.3}$$

式中: $G(x,y)$ 为高斯环绕函数。retinex 算法根据所使用的环绕函数的不同,可分为单尺度 retinex(single-scale retinex,SSR)和多尺度 retinex(multi-scale retinex,MSR)算法。

单尺度 retinex 算法中经典的环绕函数为高斯卷积函数[159]:

$$G(x,y) = q \cdot \exp\left(-\frac{x^2 + y^2}{2\sigma^2}\right) \tag{5.4}$$

式中: q 是归一化常数,满足 $\iint G(x,y)\mathrm{d}x\mathrm{d}y = 1$; σ 是高斯卷积函数 $G(x,y)$ 的尺度参数,控制函数邻域的大小范围。环绕尺度参数 σ 选取时,需要同时兼顾图像的动态范围压缩和灰度恒常性两个方面的因素。通常,环绕函数的尺度一般选取为整体图像尺寸的15%~40%,在这个范围的 σ 取值可以给阴影部分必要的补偿,使得面积较大的阴影部分变得较亮,并且能突出个更多的纹理细节[159]。

当环绕尺度参数 σ 的取值较小时,能够较好地完成动态范围的压缩,暗区域细节能有效增强,但色彩损失严重;当环绕尺度参数 σ 取值较大时,即选择的像素邻域范围较大,图像色彩比较丰富,色感一致性较好,但是纹理细节不突出。因此,SSR 算法无法同时保证色彩保真和细节增强的效果。针对这一问题,在 SSR 的基础上提出了多尺度 retinex 算法,通过使用多个环绕函数来同时实现保证色彩和细节增强的效果。

多尺度 retinex 算法图像增强的数学模型表示为[159]

$$\log[R(x,y)] = \sum_{i=1}^{k} \omega_i \{\log[S(x,y)] - \log[S(x,y) * G_i(x,y)]\} \quad (5.5)$$

式中: k 表示模型使用的环绕函数的个数; ω_i 表示第 i 个尺度的权重,且满足 $\sum_{i=1}^{k} \omega_i = 1$; $G_i(x,y)$ 表示第 i 个尺度的环绕函数。

经典的 3 尺度 MSR,包括大、中、小三个尺度,既能实现图像动态范围的压缩,又能保持图像色感的一致性。但 MSR 算法还存在以下问题:一是色偏现象依然存在;二是图像对比度增强范围有限。在 MSR 算法的基础上,Jobsen 等人[164,178]开发了一种带色彩恢复的多尺度 retinex 算法(multi-scale retinex with color restoration, MSRCR)。

5.2.2 带色彩恢复的多尺度 retinex 感知增强算法

从量化入手,引入了均值和均方差的理念,再加上图像动态范围控制参数 Dynamic 来实现无色偏的图像调节过程[193]。MSRCR 模型算法简要描述如下:

(1) 分别计算 $\log[R(x,y)]$ 中 RGB 各通道图像的均值 mean 和均方差 var;

(2) 利用下述公式计算各通道图像的 min 和 max:

$$\begin{cases} \min = \text{mean} - \text{Dynamic} \times \text{var} \\ \max = \text{mean} + \text{Dynamic} \times \text{var} \end{cases} \quad (5.6)$$

(3) 对 RGB 各通道的 $\log[R(x,y)]$ 的每一个值 value,进行线性映射:

$$R(x,y) = \frac{\text{value} - \min}{\max - \min} \times (255 - 0) \quad (5.7)$$

同时,需要增加一个溢出判断:

$$\begin{cases} \text{如果} \quad (R(x,y) > 255), R(x,y) = 255 \\ \text{其他如果}(R(x,y) < 255), R(x,y) = 0 \end{cases} \quad (5.8)$$

对于图像动态范围参数 Dynamic 的取值,注意以下两点:

(1) Dynamic 取值越小,增强图像的对比度越大;

(2) 一般而言,Dynamic 取值在 2 ~ 3 比较合适,可以取得较为明显的图像增强效果。这样既能取得自然梯度过渡效果,又能实现图像的清晰度适度增强。

retinex 算法可以在 RGB 颜色空间中实现,也可以在其他颜色空间中实现。为了进一步实现亮度增强并保障彩色一致性,可以在使用 retinex 算法前,先将原始图像由 RGB 空间转换到 HSI 空间,将图像的亮度信息 I 分离出来,采用 retinex 理论对亮度信息 I 进行增强处理。然后,将图像由 HSI 空间转换至 RGB 空间。

需要说明的是,retinex 算法的增强效果对于一些非降质的正常的图像,其增强处理效果并不理想,可以理解为 retinex 算法就是为那些在外界成像条件不理想的状态下拍摄的图像增强而设计的。特别的是对于航拍的雾天图像、医学上的成像图像、低对比度水下图像等成像条件恶劣的图像,retinex 算法具有很明显的增强效果。

5.3　改进双重滤波 retinex 模型图像增强算法

5.3.1　自适应尺度因子高斯滤波 MSRCR 算法

水下图像一般都存在色偏现象,如海水中的图像偏蓝色,而湖泊中的图像偏绿色。通过观察这些水下图像的直方图,会发现红色通道图像亮度均值较小,绿色通道图像亮度均值次之,而蓝色通道图像亮度均值较大。这主要是因为 RGB 各通道光线波长不同,经过水介质传播衰减也不相同。红色光线波长最长,在水中传播衰减比最大;绿色光线次之,蓝色再次之。在 RGB 颜色空间实现 MSRCR 算法,可以在一定程度上均衡 RGB 各颜色通道亮度值,实现原始图像颜色恢复。

这里选择 3 尺度的 MSRCR 算法,对 RGB 各颜色通道分别进行图像增强运算。不同颜色通道、不同尺度光照分量 $L_{i,c}$ 的估计可以表示为

$$L_{i,c}(x,y) = S_c(x,y) * G_i(x,y) \tag{5.9}$$

式中:$L_{i,c}$ 表示大、中、小 3 个不同的尺度,$c \in [R,G,B]$ 表示 3 个颜色通道;S_c 和 G_i 分别表示一种颜色通道的原始图像和一个尺度的高斯环绕函数。

设 σ_i ($i \in [1,2,3]$)分别表示高斯环绕函数的 3 个不同的尺度,则 σ_i 可以表示为

$$\begin{cases} \sigma_1 = \max(\text{height},\text{width})/2 - 1 \\ \sigma_3 = \min(\text{height},\text{width})/(2^3) \\ \sigma_2 = (\sigma_1 + \sigma_3)/2 \end{cases} \tag{5.10}$$

式中:height 和 width 分别表示原始图像的高度和宽度参数。

对数域中反射光图像的数学模型为

$$\log[R_c(x,y)] = \sum_{i=1}^{3} \omega_i \{\log[S_c(x,y)] - \log[L_{i,c}(x,y)]\} \tag{5.11}$$

式中:ω_i 表示第 i 个尺度的权重系数,且满足 $\sum_{i=1}^{3} \omega_i = 1$。一般选择 $\omega_i = 1/3$,$i \in [1, 2,3]$。

引入控制图像动态范围参数 Dynamic 来实现无色偏的图像恢复,由对数域变换至 8bit 像素值域[0,255],增强图像表示为 R_{MSRCR}。MSRCR 增强图像 R_{MSRCR} 对比度较高,作为广义有界对数运算的输入图像。

5.3.2　HSI 颜色空间引导滤波算法

将原始图像 S 和 MSRCR 增强图像 R_{MSRCR} 分别由 RGB 颜色空间转换至 HSI 颜色空间,亮度分量分别表示为 I_s 和 I_R。以 I_s 和 I_R 分别作为引导滤波算法的引导图像和输入图像,按照不同尺度实现引导滤波算法,兼顾图像细节与图像整体效果。因此,引导滤波输出图像的亮度分量 I_{guide} 可以表示为

$$I_{\text{guide}}(x,y) = \sum_{j=1}^{3} \widehat{\omega}_j \cdot F_{\text{guide}}(I_s(x,y),\ I_R(x,y),\ r_j,\ \varepsilon) \tag{5.12}$$

其中：r_j 为引导滤波掩模窗口半径(尺度)；ε 为归一化参数；$\widehat{\omega}_j$ 表示第 j 个尺度的权重系数，且满足 $\sum\limits_{j=1}^{3} \widehat{\omega}_j = 1$。

r_j ($j \in [1,2,3]$) 分别表示引导滤波掩模的 3 个不同的尺度，则 r_j 可以表示为

$$\begin{cases} r_1 \in [\sigma_2,\ \sigma_1] \\ r_2 \in [\sigma_3,\ \sigma_2] \\ r_3 = [3,\ \sigma_3] \end{cases} \tag{5.13}$$

将引导滤波输出图像的亮度分量 I_{guide} 与原始图像的色彩分量组成的 HSI 图像转换至 RGB 颜色空间，表示为 S_{guide} 图像。

S_{guide} 图像的对比度介于原始图像 S 和 MSRCR 增强图像 R_{MSRCR} 之间，图像清晰度较高，且画面柔和，比较忠实于原始图像，作为广义有界对数运算的梯度图像。

5.4　仿生视觉 retinex 增强图像梯度域特征融合增强算法

以 MSRCR 增强图像和引导滤波输出图像分别作为广义有界对数运算的输入图像和梯度信息图像，实现自适应梯度域有界对数运算图像增强实验。前者是高斯滤波的运算结果，有比较高的对比度；后者是引导滤波的运算结果，忠实于原始图像，画面柔和，视觉效果很好。因此，本章的广义有界对数运算是基于双重滤波的仿生视觉 retinex 模型图像增强算法。

对 MSRCR 增强图像 R_{MSRCR} 的 RGB 归一化分量 R_{Rn}、R_{Gn} 和 R_{Bn}，分别执行梯度域广义有界对数乘法运算，增强后的分量 R'_{Rn}、R'_{Gn} 和 R'_{Bn} 分别表示为

$$\begin{cases} R'_{Rn} = \lambda \otimes R_{Rn} = \phi^{-1}[\lambda R_{Rn}] = \dfrac{1}{(R_{Rn})^{\lambda} + 1} \\[2mm] R'_{Gn} = \lambda \otimes R_{Gn} = \phi^{-1}[\lambda R_{Gn}] = \dfrac{1}{(R_{Gn})^{\lambda} + 1} \\[2mm] R'_{Bn} = \lambda \otimes R_{Bn} = \phi^{-1}[\lambda R_{Bn}] = \dfrac{1}{(R_{Bn})^{\lambda} + 1} \end{cases} \tag{5.14}$$

式中：λ 为 HSI 颜色空间导引滤波引导滤波输出图像经 Sobel 边缘检测器对应的梯度域自适应增益，其自适应增益均值用 $\overline{\lambda}$ 表示。

5.5　动态范围窄特性图像增强实验

为了验证本章仿生视觉 retinex 模型动态范围窄水下图像增强算法的有效性，对不同的水下降质图像进行实验研究。为了便于对比分析，还应用本章算法和其他增强算法对相同的图像进行了对比实验。与前面章节一致，对于实验结果的分析，采用主客观评价

相结合的方法,对单幅增强图像进行评估。客观评价尺度包括:均值(mean)、对比度(contrast)、信息熵(entropy)和色彩尺度(CM)、均方差(MSE)和峰值信噪比(PSNR)。其中,MSE 和 PSNR 两项尺度用于评估增强图像与原始图像之间的误差[47]。

实验分成三个步骤:第一步,对水下图像在 RGB 颜色空间进行 MSRCR 图像增强实验,获取不同图像动态范围参数 Dynamic 下的增强结果;第二步,在 HSI 颜色空间,以原始图像的亮度分量和 MSRCR 增强图像的亮度分量分别作为引导滤波算法的引导图像和输入图像,按照不同动态范围参数实现引导滤波算法;第三步,以 MSRCR 增强图像和引导滤波输出图像作为广义有界对数运算的输入图像和梯度图像,实现自适应梯度域有界对数运算图像增强实验。

通过第四章的实验结果分析结论,与 RGB 颜色空间相比较,HSI 颜色空间中图像对比度增强效果略强一些,故本章选择了在 HSI 颜色空间对 MSRCR 增强图像按照不同尺度执行引导滤波增强算法。

对于原始图像的选择,仍然采用第四章的两幅水下图像。需要说明的是,第四章侧重点在解决原始图像噪声干扰问题,而本章侧重点在解决水下降质光学图像动态范围窄的问题。实际上,对于大部分水下降质光学图像,往往会同时存在非均匀亮度、低信噪比、动态范围窄、颜色失真等客观问题,只是某些方面的问题可能相对突出一些。在不同的章节中,用相同的图像开展实验,存在理论上和实践上的合理性。关于这一问题的分析,在后面章节中还会进一步研究。

5.5.1 实验图像

按照惯例,在实验前先列出原始图像,方便研究人员在本章内对增强图像与原始图像进行对比分析。本章选择的原始图像与第四章的原始图像完全相同:边坡图像、diver 图像。在第四章中之所以选择这两幅图像,是因为这两幅图像信噪比低,目的在于验证基于光学成像模型透射率优化算法的去噪效果;在第本章中选择这两幅图像,是因为这两幅图像动态范围窄,目的在于验证基于仿生视觉 retinex 模型动态范围窄水下图像增强算法的动态范围扩展效果。降质图像动态范围扩展的效果,是将图像灰度值范围分别向两端延伸,尽可能将 8bit[0, 255]覆盖范围扩展。两幅水下图像(边坡、diver)及其对应的直方图如图 5.1 所示,原图像的一些度量参数如表 5.1 所列。

（a）边坡图

（b）diver图

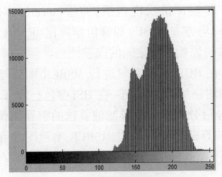
（c）边坡图对应的直方图

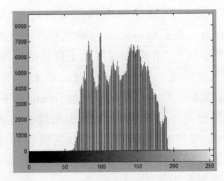
（d）diver图对应的直方图

图 5.1　两幅水下图像（边坡、diver）及其对应的直方图

（注：彩色图片见附录。）

表 5.1　图 5.1 两幅水下图像的 5 个尺度参数

实验图像	size	mean	contrast	entropy	CM
边坡图像	1279×685	171.10	30.77	6.46	32.39
diver 图像	896×672	96.93	1.81	6.71	29.70

从图 5.1 和表 5.1 可以看出，两幅水下图像的动态范围都非常窄。边坡图像的灰度值主要集中在[120, 230]，只覆盖了 8bit[0, 255]范围的 40%左右，图像整体亮度偏高，对比度较低。而 diver 图像的灰度范围值主要集中在[60, 190]，也只覆盖了 8bit[0, 255]范围的 50%左右，图像模糊不清，对比度极低。

边坡图像中石头之间的填充物与石头之间对比差异小，鱼儿与背景的对比差异也非常小。diver 图像的皱纹、下巴、胸部刻刀痕迹等部位的纹理完全看不清楚，雕像左胸部的五角星标识也只是隐约可见，潜水员携带的装备看上去也是一片灰暗。

5.5.2 MSRCR 图像增强实验

对边坡图像运用 Li 等人的增强算法[194]、Choi 等人的增强算法[195]以及 Galdran 等人的增强算法[196]增强结果如图 5.2 所示。图 5.2 实验结果对应的增强图像尺度参数如表 5.2 所列。

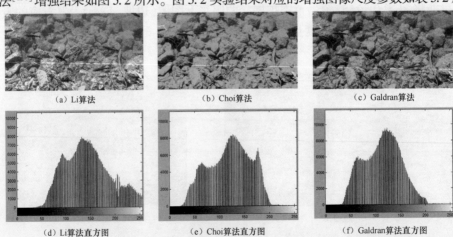
（a）Li算法　　（b）Choi算法　　（c）Galdran算法

（d）Li算法直方图　　（e）Choi算法直方图　　（f）Galdran算法直方图

图 5.2　边坡图不同算法的增强结果（二）

（注：彩色图片见附录。）

表 5.2　图 5.2 增强结果对应的尺度参数

算法	mean	contrast	entropy	CM	MSE	PSNR
Li	142.22	216.22	7.31	51.72	1801.13	15.58
Choi	100.66	140.01	6.60	31.08	6536.08	9.98
Galdran	101.87	89.64	6.98	21.90	5075.44	11.08

从图 5.2 和表 5.2 可以看出,这三种增强算法对边坡原始图像对比度的提升效果都非常明显。Li 增强算法对比度提升幅度最大,但图像下半部分的过度曝光现象已经凸显,在对应的直方图中也能发现有 9000 多个像素点亮度值为 255。Choi 算法图像偏绿色现象进一步恶化,鱼儿和树枝,几乎"糊"成一片了,图像动态范围调整效果有限。Galdran 算法图像视觉质量较高,其直方图轮廓与原始图像相似度较高,但对比度提升、动态范围调整效果有限。

对边坡图像运行 MSRCR 算法,不同动态范围参数 Dynamic 下的增强结果及其对应的直方图如图 5.3 所示。图 5.3 实验结果对应的尺度参数如表 5.3 所列。

（a）Dynamic=1.8增强图像

（b）Dynamic=2.4增强图像

（c）Dynamic=3.0增强图像

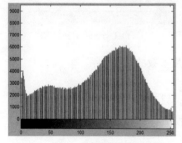
（d）Dynamic=1.8增强图像直方图

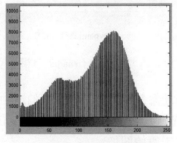
（e）Dynamic=2.4增强图像直方图

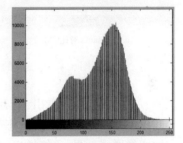
（f）Dynamic=3.0增强图像直方图

图 5.3　边坡图不同 Dynamic 参数的 MSRCR 增强图像及其对应的直方图
（注:彩色图片见附录。）

表 5.3　图 5.3 增强结果对应的尺度参数

动态范围参数	mean	contrast	entropy	CM	MSE	PSNR
Dynamic = 1.8	128.94	622.30	7.68	54.12	404.83	29.28
Dynamic = 2.4	127.83	377.74	7.58	42.92	199.44	37.01
Dynamic = 3.0	127.61	247.53	7.34	35.03	120.80	46.02

从图 5.3 和表 5.3 可以看出,增强图像的灰度值范围基本上覆盖了 8bit 的全部取值,灰度值中心下移,图像平均亮度减小,对比度显著提高。坝体边坡图像中石头之间的碎石的蓝色、鱼儿的红褐色、左上角水草的粉红色开始越来越明显,石头之间的纹理、石头之间

的阴影也变得清晰。图像动态范围参数 Dynamic 越小,图像的对比度、信息熵、色彩尺度越好。但 Dynamic 参数不能太小,否则图像灰度值中间值均值逐渐减小,而极亮与极暗区域像素逐渐增加,直方图两端出现上翘现象,图像直方图会严重扭曲,增强图像与原始图像的差异会严重加剧。

随着动态范围参数 Dynamic 的变化,边坡图像增强图像对应的均值、对比度、信息熵、色彩、均方差、峰值信噪比的变化曲线如图 5.4 所示。

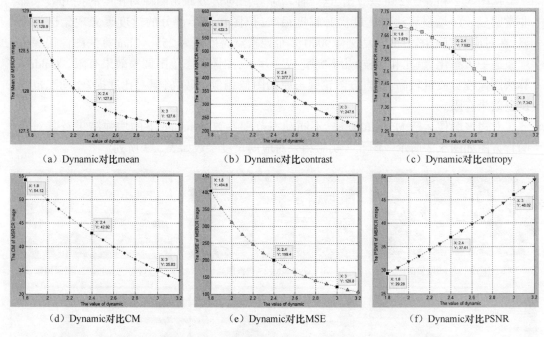

　　(a) Dynamic对比mean　　　　　(b) Dynamic对比contrast　　　　(c) Dynamic对比entropy

　　(d) Dynamic对比CM　　　　　　(e) Dynamic对比MSE　　　　　(f) Dynamic对比PSNR

图 5.4　边坡图的 MSRCR 增强图像 Dynamic 与相关尺度参数的对应关系

从图 5.4 可以看出,随着动态范围参数 Dynamic 的增加,只有图像的 PSNR 增加,而其他尺度参数均减小。动态范围参数 Dynamic $\in [2,3]$ 的取值比较合适,既能取得较好的图像增强效果,又能较忠实于原始图像。

对 diver 图像运用 Li 等人的增强算法[194]、Choi 等人的增强算法[195]以及 Galdran 等人的增强算法[196]增强结果如图 5.5 所示。图 5.5 实验结果对应的增强图像尺度参数如表 5.4 所列。

　　(a) Li算法　　　　　　　　　　(b) Choi算法　　　　　　　　(c) Galdran算法

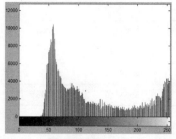 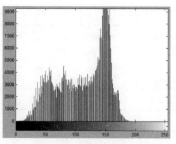 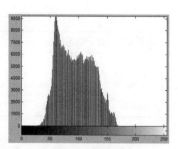

（d）Li算法直方图　　　　　　　（e）Choi算法直方图　　　　　　（f）Galdran算法直方图

图 5.5　diver 图不同算法的增强结果(二)

(注:彩色图片见附录。)

表 5.4　图 5.5 增强结果对应的尺度参数

算法	Mean	Contrast	Entropy	CM	MSE	PSNR
Li	114.34	25.74	6.07	78.41	489.49	21.23
Choi	68.16	4.12	5.36	56.78	1984.68	15.15
Galdran	70.86	5.08	6.32	32.80	990.14	18.17

从图 5.5 和表 5.4 可以看出,这三种增强算法对水下雕像原始图像对比度的提升都有一定的效果。Li 算法对原图动态范围扩展贡献最大,雕像本体的古铜色变得鲜艳,潜水员面罩蓝色边框清晰可见,但其增强图像中上部曝光严重,对应的直方图中也能发现多达 12000 个像素点亮度值为 255。Choi 算法近景处雕像胸前纹理变得清晰,但其余部分的细节消失殆尽,几乎"糊"成一片。Galdran 算法图像视觉质量较高,雕像前胸部分刀刻纹理开始清晰,左胸部五角星可以清晰辨认,雕像额头的皱纹和下巴胡须也可辨认,但对比度提升、动态范围调整效果有限。

对 diver 图像运行 MSRCR 算法,不同动态范围参数 Dynamic 下的增强结果及其对应的直方图如图 5.6 所示。图 5.6 实验结果对应的尺度参数如表 5.5 所列。

（a）Dynamic=1.8增强图像　　　（b）Dynamic=2.4增强图像　　　（c）Dynamic=3.0增强图像

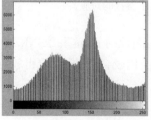 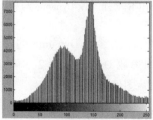 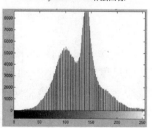

（d）Dynamic=1.8增强图像直方图　（e）Dynamic=2.4增强图像直方图　（f）Dynamic=3.0增强图像直方图

图 5.6　diver 图取不同 Dynamic 的 MSRCR 增强图像及其对应的直方图

(注:彩色图片见附录。)

93

表 5.5　图 5.6 增强结果对应的尺度参数

动态范围参数	mean	contrast	entropy	CM	MSE	PSNR
Dynamic = 1.8	125.92	298.41	7.62	56.81	5070.43	13.39
Dynamic = 2.4	126.65	185.52	7.49	45.11	4349.32	14.55
Dynamic = 3.0	127.03	124.02	7.26	37.20	3965.56	15.48

　　从图 5.6 和表 5.5 可以看出,增强图像的灰度值范围几乎覆盖了 8bit 的全部取值,中间灰度值范围变宽,开始呈现出正态分布的雏形。图像平均亮度适中,对比度显著提高,色彩更加丰富。雕像的皱纹、下巴、前胸的雕刻痕迹、五角星标识清晰可见,潜水员的镜框颜色呈现鲜艳的蓝色,雕像和潜水员的远近层次分明,景物与背景的对比更加明显。图像动态范围参数 Dynamic 越小,图像的对比度、信息熵、色彩尺度越好,但图像的光晕现象也更加突出。但 Dynamic 参数不能太小,否则图像灰度值中间值均值逐渐减小,而极亮与极暗区域像素逐渐增加,图像灰度值会严重扭曲。

　　随着动态范围参数 Dynamic 的变化,diver 图像增强图像对应的均值、对比度、信息熵、色彩、均方差、峰值信噪比的变化曲线如图 5.7 所示。

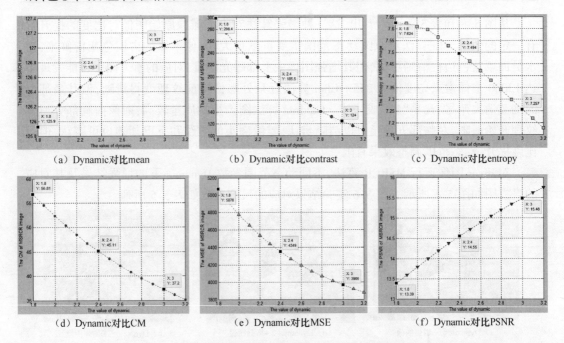

(a) Dynamic 对比 mean　　　　(b) Dynamic 对比 contrast　　　　(c) Dynamic 对比 entropy

(d) Dynamic 对比 CM　　　　(e) Dynamic 对比 MSE　　　　(f) Dynamic 对比 PSNR

图 5.7　diver 图的 MSRCR 增强图像 Dynamic 与相关尺度参数的对应关系

　　从图 5.7 可以看出,随着动态范围参数 Dynamic 的增加,图像的 mean 和 PSNR 增加,而其他尺度参数减小。动态范围参数 Dynamic ∈ [2,3] 的取值比较合适,既能取得较好的图像增强效果,又能较忠实于原始图像。

5.5.3　HSI 颜色空间引导滤波实验

　　在 HSI 颜色空间,以原始图像的亮度分量和 MSRCR 增强图像的亮度分量分别作为引导滤波算法的引导图像和输入图像,按照不同动态范围参数实现引导滤波算法。边坡图像在 HSI 颜色空间中取不同动态范围参数 Dynamic 的引导滤波实验结果如图 5.8 所示,图 5.8 实验结果对应的尺度参数如表 5.6 所列。Diver 图在 HSI 颜色空间中取不同动态范围参数 Dynamic 的引导滤波图像实验结果如图 5.9 所示,其对应的尺度参数如表 5.7 所列。

（a）Dynamic=1.8增强图像　　　　（b）Dynamic=2.4增强图像　　　　（c）Dynamic=3.0增强图像

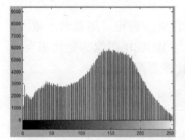 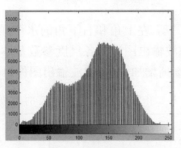 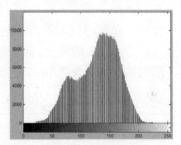

（d）Dynamic=1.8增强图像直方图　（e）Dynamic=2.4增强图像直方图　（f）Dynamic=3.0增强图像直方图

图 5.8　边坡图的 MSRCR 不同 Dynamic 的引导滤波图像及其对应的直方图

（注:彩色图片见附录。）

表 5.6　图 5.8 增强结果对应的尺度参数

动态范围参数	mean	contrast	entropy	CM	MSE	PSNR
Dynamic = 1.8	128.48	317.33	7.77	51.72	194.11	38.46
Dynamic = 2.4	127.95	184.52	7.52	40.42	68.96	inf
Dynamic = 3.0	127.82	119.03	7.22	32.80	31.74	inf

从图 5.8 和表 5.6 可以看出,引导滤波输出图像的直方图与原始图像的直方图轮廓基本一致,非常忠实于原始图像,引导滤波输出图像的对比度介于原始图像与 MSRCR 增强图像之间。引导滤波输出图像对比度比原始图像高,其视觉质量又高于 MSRCR 增强图像。增强图像动态范围有效扩展,图像整体蓝绿色色调有所改善,画面景深层次清晰。

（a）Dynamic=1.8增强图像　　　　（b）Dynamic=2.4增强图像　　　　（c）Dynamic=3.0增强图像

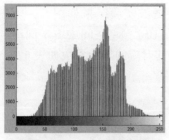 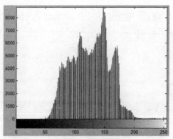 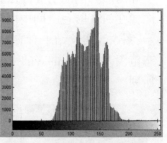

（d）Dynamic=1.8增强图像直方图　　（e）Dynamic=2.4增强图像直方图　　（f）Dynamic=3.0增强图像直方图

图 5.9　diver 图的 MSRCR 不同 Dynamic 的引导滤波图像及其对应的直方图

（注：彩色图片见附录。）

图中红褐色的鱼儿多了一些灵动，左上角和右下角的水草颜色更加鲜艳。随着动态范围参数 Dynamic 的变化，引导滤波输出图像的各尺度参数基本与 MSRCR 图像的变化相当。随着动态范围参数 Dynamic 逐渐增加，引导滤波输出图像对比度逐渐下降。

表 5.7　图 5.9 增强结果对应的尺度参数

动态范围参数	mean	contrast	entropy	CM	MSE	PSNR
Dynamic = 1.8	125.72	15.33	7.27	29.34	3280.66	17.20
Dynamic = 2.4	126.26	9.07	6.87	22.49	3138.76	18.90
Dynamic = 3.0	126.55	6.02	6.56	18.23	3110.32	20.68

从图 5.9 和表 5.7 可以看出，引导滤波输出图像的直方图与原始图像的直方图基本一致，比较忠实于原始图像，图像整体画面风格柔和，引导滤波输出图像对比度比原始图像高，其视觉质量又高于 MSRCR 增强图像。引导滤波输出图像的对比度介于原始图像与 MSRCR 增强图像之间。图中雕像的头部轮廓变得清晰可见，有五角星标识的左胸部与背景色可以明显区分。随着动态范围参数 Dynamic 的变化，引导滤波输出图像的各尺度参数基本与 MSRCR 图像的变化相当。随着动态范围参数 Dynamic 逐渐增加，引导滤波输出图像对比度逐渐下降，图像视觉效果中的"雾"的浓度逐渐增加，呈现出一种朦胧的现象。

5.5.4　梯度域广义有界对数运算实验

选择动态范围参数 Dynamic=2 的 MSRCR 增强图像作为输入图像，选择不同自适应梯度增益均值 $\bar{\lambda}$ 的梯度图像，开展自适应梯度域有界对数运算图像增强实验。

在 MSRCR 增强和引导滤波的基础上，对边坡图像运用本章算法取不同自适应梯度增益均值 $\bar{\lambda}$ 的增强结果及其对应的直方图如图 5.10 所示，自适应增益均值 $\bar{\lambda}$ 与增强图像对应的亮度均值、对比度、信息熵、色彩、均方差和峰值信噪比的关系曲线如图 5.11 所示。图 5.10 的增强结果对应的增强图像尺度参数如表 5.8 所列。

（a）$\bar{\lambda}$=1.1762   （b）$\bar{\lambda}$=1.4043   （c）$\bar{\lambda}$=1.7420

（d）$\bar{\lambda}$=1.1762对应直方图   （e）$\bar{\lambda}$=1.4043对应直方图   （f）$\bar{\lambda}$=1.7420对应直方图

图 5.10　边坡图不同自适应增益均值的增强图像及其对应的直方图

（注：彩色图片见附录。）

表 5.8　图 5.10 的增强结果对应的增强图像尺度参数

梯度增益均值	mean	contrast	entropy	CM	MSE	PSNR
$\bar{\lambda}$ = 1.1762	129.43	676.03	7.78	54.60	29.35	33.46
$\bar{\lambda}$ = 1.4043	130.62	819.20	7.83	59.38	111.46	27.67
$\bar{\lambda}$ = 1.7420	132.26	1025.48	7.83	65.45	298.73	23.39

从图 5.10 和表 5.8 可以看出，与 MSRCR 增强图像相比，广义有界对数运算增强结果中图像动态范围进一步均衡。增强图像颜色更加丰富，对比度增加，细节更加突出。在增强图像中，不仅石头、鱼、树枝的边缘更加清晰，右上角大块石头表面的坑坑洼洼、施工时留下的水泥痕迹也能清晰可见。增强图像的对比度、信息熵和色彩尺度均有不同程度的增加。当自适应梯度增益均值 $\bar{\lambda}$ 太大时，直方图左端会明显上翘，过暗部分会明显增加，影像图像整体视觉效果。从图 5.13 可以看出，随着自适应梯度增益均值 $\bar{\lambda}$ 的增加，增强图像的亮度均值、对比度、色彩尺度呈现单调增加趋势；而信息熵、均方差和峰值信噪比则出现了波谷和波峰情况。在信息熵峰值点对应的自适应梯度增益均值 $\bar{\lambda}$，能取得合适的对比和色彩尺度，图像整体客观评价参数比较高。

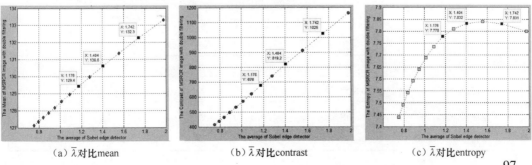

（a）$\bar{\lambda}$对比mean   （b）$\bar{\lambda}$对比contrast   （c）$\bar{\lambda}$对比entropy

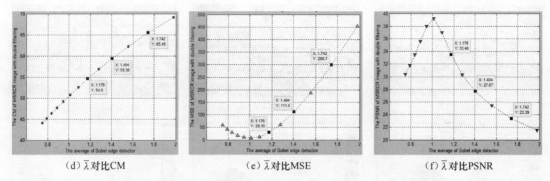

(d) $\bar{\lambda}$ 对比CM   (e) $\bar{\lambda}$ 对比MSE   (f) $\bar{\lambda}$ 对比PSNR

图 5.11   边坡图增强图像自适应增益均值与相关尺度参数对应关系

在 MSRCR 增强和引导滤波的基础上,对 diver 图像运用本章算法取不同自适应梯度增益均值 $\bar{\lambda}$ 的增强结果及其对应的直方图如图 5.12 所示,自适应增益均值 $\bar{\lambda}$ 与增强图像对应的亮度均值、对比度、信息熵、色彩、均方差和峰值信噪比的关系曲线如图 5.13 所示。图 5.12 的增强结果对应的增强图像尺度参数如表 5.9 所列。

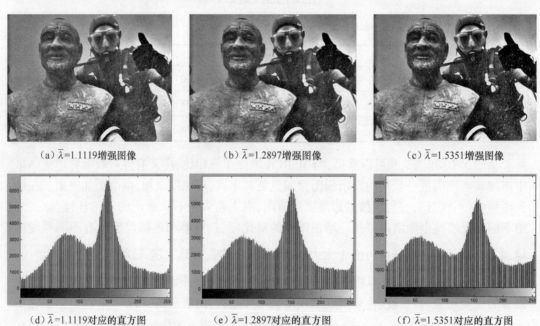

(a) $\bar{\lambda}$=1.1119增强图像   (b) $\bar{\lambda}$=1.2897增强图像   (c) $\bar{\lambda}$=1.5351增强图像

(d) $\bar{\lambda}$=1.1119对应的直方图   (e) $\bar{\lambda}$=1.2897对应的直方图   (f) $\bar{\lambda}$=1.5351对应的直方图

图 5.12   diver 图不同自适应增益均值增强图像及其对应的直方图
(注:彩色图片见附录。)

表 5.9   图 5.12 的增强结果对应的增强图像尺度参数

梯度增益均值	mean	contrast	entropy	CM	MSE	PSNR
$\bar{\lambda}$ = 1.1119	125.71	299.22	7.70	55.71	12.27	37.26
$\bar{\lambda}$ = 1.2897	125.43	346.97	7.78	60.01	44.42	31.67
$\bar{\lambda}$ = 1.5351	125.17	412.49	7.82	65.32	119.88	27.35

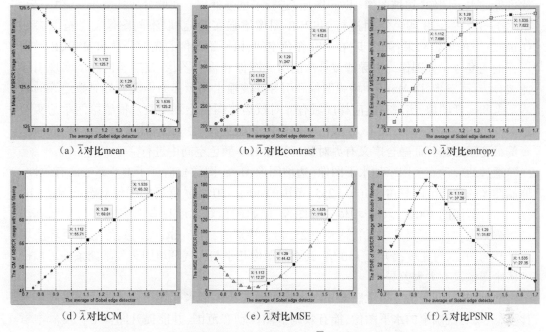

(a) $\bar{\lambda}$对比mean (b) $\bar{\lambda}$对比contrast (c) $\bar{\lambda}$对比entropy

(d) $\bar{\lambda}$对比CM (e) $\bar{\lambda}$对比MSE (f) $\bar{\lambda}$对比PSNR

图 5.13 diver 图增强图像自适应增益均值 $\bar{\lambda}$ 与相关尺度参数对应关系

从图 5.12 和表 5.9 可以看出,与 MSRCR 增强图像相比,有界广义对数运算增强结果中的雕像铜质的金黄色更加鲜亮,胸部雕刻痕迹愈加明显,潜水员镜框下的脸部皮肤颜色开始呈现自然颜色,潜水员帽子顶部的两条暗纹也清晰可见。增强图像颜色更加鲜亮丰富,对比度明显增加,纹理细节更加突出。增强图像的对比度、信息熵和色彩尺度均有较大程度的增加。当自适应梯度增益均值 $\bar{\lambda}$ 太大时,直方图右端会明显上翘,过亮部分会明显增加,影像图像整体视觉效果。从图 5.13 可以看出,随着自适应梯度增益均值 $\bar{\lambda}$ 的增加,增强图像的对比度、信息熵和色彩尺度呈现单调增加趋势,而增强图像的亮度均值呈现单调减小趋势;均方差和峰值信噪比出现了波谷和波峰情况。

本 章 小 结

针对水下目标探测图像动态范围窄,导致水下目标探测图像信息损失的客观问题,本章提出了仿生视觉感知 retinex 模型动态范围窄水下降质光学图像增强算法,扩展原始图像动态范围,并提升原始图像的对比度。

仿生视觉感知 retinex 模型动态范围窄水下降质光学图像增强,从原始图像中提取 RGB 各通道的均值和均方差信息,并融入图像动态范围参数,对原始图像的像素点进行线性映射,扩展原始图像的动态范围。增强图像的动态范围与动态范围参数相对应,动态范围调整可行可靠。梯度域广义有界对数运算,在动态范围调整的基础上,按照梯度域自适应均值进一步提升图像的对比度。

本章应用基于双重滤波的仿生视觉感知 retinex 模型,对两幅典型的动态范围窄、对比度低的水下图像(边坡图像、diver 图像)进行了增强处理。实验分成三个步骤:第一步,对水下图像在 RGB 颜色空间进行 MSRCR 图像增强实验,获取不同图像动态范围参数 Dynamic 下的增强结果;第二步,在 HSI 颜色空间,以原始图像的亮度分量和 MSRCR 增强图像的亮度分量分别作为引导滤波算法的引导图像和输入图像,按照不同尺度实现引导滤波算法;第三步,以 MSRCR 增强图像和引导滤波输出图像作为广义有界对数运算的输入图像和梯度图像,实现自适应梯度域有界对数运算图像增强实验。借鉴第四章的实验结果,在 HSI 颜色空间比在 RGB 颜色空间中能获取更高的图像对比度提升效果,故而本章的梯度域边缘特征融合广义有界对数运算在 HSI 颜色空间中进行。

通过两幅动态范围窄的水下图像(边坡图像、diver 图像),验证了本章算法的有效性。原始图像的动态范围只占 8bit[0, 255]范围的 40% ~50%,扩展后的图像动态范围达 8bit [0, 255]范围的 100%。对于坝体边坡图像,原始图像对比度只有 30.77,经过本章算法的增强处理,对比度提升 33 倍,达到 1025.48。特别的,对于 diver 图像,经过本章算法增强处理的图像,对比度提升近 150 倍,其增强图像几乎与大气环境中天气晴朗条件下拍摄的清晰图像没有太大差异。

实验结果表明,仿生视觉感知 retinex 模型动态范围窄水下降质光学图像增强对于对比度低、动态范围窄的水下图像,能有效调节图像动态范围,并能提升图像对比度。本章的方法能够适应纹理细节信息丢失的动态范围窄水下降质图像的增强处理需求。

第六章　对比度受限自适应直方图均衡
颜色失真图像增强

水下光学图像颜色失真是指由于受到水下光线衰减的影响,图像出现某种颜色的色相、饱和度与真实的图像有明显区别的现象。针对颜色失真的水下降质光学图像,应用对比度受限自适应直方图均衡(CLAHE)彩色空间信息融合算法,自适应协调原始图像 RGB 三通道的分量比重,使图像呈现出均衡的色彩分布。考虑到太阳光照场景下的水下光学图像,会同时存在颜色失真、非均匀亮度、信噪比低、动态范围窄等多种降质特性,因此本章主要开展两个方面的研究工作:对比度受限自适应直方图均衡颜色失真图像增强算法与应用;太阳光照场景下含有颜色失真的多种特性图像增强。

本章 6.1 节介绍对比度受限自适应直方图均衡理论的相关原理。6.2 节提出自适应直方图均衡彩色空间信息融合水下图像增强算法,并给出了算法的流程图。6.3 节提出不同颜色空间 CLAHE 算法,包括 CLAHE-RGB, CLAHE-YIQ 和 CLAHE-HSI。6.4 节提出 YIQ 和 HSI 颜色空间图像融合与梯度域自适应增强算法。6.5 节对两幅水下图像进行颜色失真实验研究并验证本章算法的鲁棒性。6.6 节介绍含有颜色失真的多种特性水下降质光学图像增强实验。

6.1　引　　言

图像的灰度分布可以通过灰度直方图描述。灰度直方图描述图像中各个灰度值的像素个数,能直观地刻画各灰度值的分布情况。数字图像的灰度值是离散的,以图像中每个灰度级的像素数量除以像素总和,就得到图像归一化的灰度直方图[153]。直方图是对每一个灰度值出现概率的数据统计,图像的直方图从整体上描述了一幅图像的概貌。理想的直方图为近似正态分布,两端灰度值像素值较少,中间灰度值像素值占绝大部分。如果一幅图像整体偏暗,则其直方图像素值明显集中在低灰度区;如果一幅图像整体偏亮,则其直方图像素值明显集中在高灰度区;如果图像的对比度比较大,则其直方图在低灰度区和高灰度区分别呈现两个相距较远的峰,中间灰度值的像素相对过少[197]。

为了改善图像的整体偏暗、偏亮,或者灰度层次不丰富的情况,需要将原图像的直方图通过函数变换修正为均匀分布的直方图,使得直方图能够比较均匀的分布在各个阶段,这种技术称为直方图均衡化[153,198](histogram equalization,HE)。直方图均衡化算法存在两个不足之处:①变换后的灰度级范围有限,一般很难达到最大灰度级变化范围,因此图像层次感不理想;②如果某一灰度级的像素过少(远远小于平均值),则很容易出现灰度级吞噬现象,从而导致图像信息丢失。

传统的 HE 在对整幅图像进行变换时都采用相同的直方图变换规则。这种方法对于那些像素分布均匀的图像来说,能取得很好的图像增强效果,但是对于那种像素分布不均匀的图像,如包含明显较亮或较暗区域,往往不能得到显著的增强效果。

自适应的直方图均衡[199](adaptive histogram equalization,AHE)是一种从 HE 发展而来,用来改善图像对比度的图像处理技术。不同于传统的 HE,AHE 通过计算图像每一个显著区域的直方图,并重新分布处理图像的亮度值。因此 AHE 更适合于改善图像的局部区域的对比度,并增强图像边缘信息,有利于进一步图像分割处理。

但是,AHE 的缺陷:在增强有用信息对比度的同时,会放大图像同质(均匀)区域的噪声。因此作为 AHE 的改进算法,CLAHE 可以有效降低这种噪声的放大。对比度受限自适应直方图均衡[200-202](contrast limited adaptive histogram equalization,CLAHE)算法是由 Zuiderveld 在 1994 年提出,在可见光图像处理中具有良好的增强效果。CLAHE 与 AHE 的区别是对比度的限制。CLAHE 算法通过引入剪切限制参数来解决传统直方图均衡算法中存在的噪声放大的问题。CLAHE 算法通过在计算累计分布函数(cumulative distribution function,CDF)前用预先定义的阈值来裁剪直方图,来实现限制噪声幅度放大的目的。这限制了 CDF 的斜度,也限制了变换函数的斜度。直方图被裁剪的值,也就是裁剪限幅值,其一方面取决于直方图的分布,另一方面取决于邻域大小的取值。有学者将 CLAHE 算法应用于低对比度医学图像[203-205]及水下图像[47,206],完成图像增强、动态范围压缩等工作。

CLAHE 算法的总体思路:首先,将整体图像分为若干大小相等非重叠的相关子图像(也称为图像块);其次,根据每个图像块的灰度分布情况进行直方图剪切,再对剪切限幅后的子区域进行传统的直方图均衡处理;最后,通过双线性插值得到变换后的灰度值分布,从而得到对比受限自适应直方图均衡的增强图像。

CLAHE 算法将直方图均衡应用在每一个子图像块中。原始的直方图超过剪切限制(clip limit)的部分被裁剪,被裁减的直方图重新被分配到每个灰度级。重新分配处理的直方图有别于原始的直方图,这是因为新的直方图每个像素的亮度限制在预先设定的最大值以下,但增强图像与原始图像的最大最小灰度值一致[207-208]。像素值重新分布的过程可能会导致那些被裁剪掉的部分由重新超过了裁剪阈值(图中绿色部分),但超出部分面积小,对放大幅度影响有限。CLAHE 剪切限幅原理如图 6.1 所示。

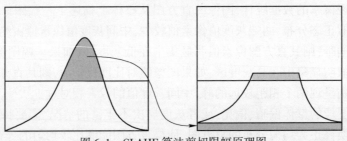

图 6.1　CLAHE 算法剪切限幅原理图
(注:彩色图片见附录。)

自适应直方图均衡,不管是否带有对比度限制功能,都需要计算图像中每个像素邻域的直方图以及其对应的变换函数,这会增加算法的运算量。双线性插值运算可以提升自适应直方图均衡运算效率,并且运算质量没有下降。双线性插值运算原理如图 6.2 所示。

首先,将原图像均匀分成等份矩形大小(图右侧部分64个块是常用选择,BS=8×8)。然后计算各图像块的直方图、CDF以及其对应的变换函数。图像块的变换函数对于块的中心像素部分(图左侧部分的黑色小方块),符合原始定义。其他像素通过位于其邻域的四个块的变换函数进行计算插值获取。位于图6.2中蓝色阴影部分的像素值采用双线性查插值获取,而位于其边缘的(绿色阴影)部分的像素值采用线性插值获取,其角点处(红色阴影处)的像素值直接使用子块的变换函数。

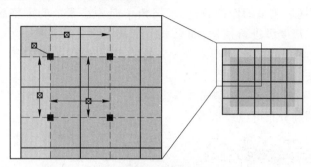

图6.2　CLAHE算法双线性插值运算原理图

(注:彩色图片见附录。)

CLAHE算法有两个关键参数:图像块尺寸(block size, BS)和剪切限制(clip limit, CL),图像的增强效果主要取决于这两个参数。当参数CL增加时,增强图像的亮度也会增加。这是因为输入图像亮度值比较低,参数CL增加会导致图像的直方图更加扁平。当参数CL增加时,图像的动态范围和对比度都会增加。因此,通过利用图像的信息熵[209],在最大熵曲率点上确定这两个参数,可以得到良好的图像质量。

CLAHE算法具体包括以下步骤:

步骤1:将原始图像划分成非重叠的 $M \times N$ 个矩形关联图像块。矩形图像块尺寸(BS)参数 8×8 是默认的选择,能够较好地保留图像的色彩信息。

步骤2:根据阵列图像中的灰度等级,计算每个关联图像块的直方图。

步骤3:用剪切限制(CL)参数计算每个关联图像块的对比受限直方图:

$$N_{\text{avg}} = (NrX \times NrY)/N_{\text{gray}} \tag{6.1}$$

式中: N_{avg} 是平均像素数量; N_{gray} 是图像块中的灰度等级数量; NrX 和 NrY 分别是 X 方向和 Y 方向上的像素数量。

实际的CL可以表示为

$$N_{\text{CL}} = N_{\text{clip}} \times N_{\text{avg}} \tag{6.2}$$

式中: N_{CL} 是实际的CL; N_{clip} 是归一化的CL,取值范围为 $[0, 1]$ 。

如果像素的数量大于 N_{CL} ,则像素需要剪切。假设所有被剪切的像素数量定义为 $N_{\sum \text{clip}}$,则被分配到每一个灰度级别的平均像素数量表示为

$$N_{\text{avggray}} = N_{\sum \text{clip}}/N_{\text{gray}} \tag{6.3}$$

直方图剪切规则如下:

如果 $H_{\text{region}}(i) > N_{\text{CL}}$,则

$$H_{\text{region\_clip}}(i) = N_{\text{CL}} \tag{6.4}$$

如果 $(H_{\text{region}}(i) + N_{\text{avggray}}) > N_{\text{CL}}$，则

$$H_{\text{region\_clip}}(i) = N_{\text{CL}} \tag{6.5}$$

否则

$$H_{\text{region\_clip}}(i) = H_{\text{region}}(i) + N_{\text{CL}} \tag{6.6}$$

式中：$H_{\text{region}}(i)$ 和 $H_{\text{region\_clip}}(i)$ 分别表示第 i 个灰度级别的原始直方图和剪切后的直方图。

步骤4：剩余像素再分配，直到全部分配完毕。像素分配步长为

$$\text{Step} = N_{\text{gray}}/N_{\text{remain}} \tag{6.7}$$

式中：N_{remain} 是剪切后剩余的像素数量；步长 Step 是不小于1的正整数。程序按照以上步长从最小到最大灰度级进行搜索，如果某一个灰度级上像素数量小于 N_{CL}，则再分配一个像素；如果搜索仍未结束，还有未分配完的像素，则继续按照式(6.7)重新计算步长，并重新搜索，直至所有的像素分配完毕。

步骤5：应用瑞利(Rayleigh)分布增强图像块亮度值。瑞利分布处理的水下图像主观视觉效果自然。瑞利分布可以表示为

$$y(i) = y_{\text{min}} + \sqrt{2\alpha^2\ln\left(\frac{1}{1 - P_{\text{input}}(i)}\right)} \tag{6.8}$$

式中，$P_{\text{input}}(i)$ 是 i 个灰度级别的累计概率；y_{min} 是像素值下限；α 是与图像块相关的 Rayleigh 分布尺度参数，一般取 $\alpha = 0.04$。

每个亮度值的输出概率密度可以表示为

$$p(y(i)) = \frac{(y(i) - y_{\text{min}})}{\alpha^2} \cdot \exp\left(-\frac{(y(i) - y_{\text{min}})^2}{2\alpha^2}\right) \tag{6.9}$$

较高的 α 取值能获取图像对比度的显著增加，同时会导致饱和度增加和噪声放大的问题。

步骤6：减小突变的影响。对式(6.9)函数中的输出使用线性对比度拉伸进行重新缩放。线性对比拉伸可以表示为

$$y(i) = \frac{x(i) - x_{\text{min}}}{x_{\text{max}} - x_{\text{min}}} \tag{6.10}$$

式中：$x(i)$ 是输入灰度级亮度值；x_{min} 和 x_{max} 分别为灰度级的最小值和最大值。

步骤7：利用四种不同映射之间的双线性插值，对子矩阵关联区域内像素重新赋值，以消除边界伪影。

CLAHE 算法需要对每个相关区域进行直方图均衡化处理。原始图像的像素位于相关区域的中心，通过对原直方图的剪切和对剪切的像素重新分配来获得新的直方图。在新的直方图中，每个像素点的灰度都被限定在特定的幅值之内，与 AHE 算法相比较，CLAHE 算法可以有效地抑制噪声放大。

近年来，CLAHE 算法在医学图像增强[210-213]、水下图像增强[47,214]、有雾图像增强[215-217]、人脸识别[218]，以及 CMOS 传感器传输数据[219] 等方面取得了广泛的应用。CLAHE 算法可以在 RGB 颜色空间中对各通道图像增强，也可以在 YIQ 或者 HSI 颜色空间中仅对亮度分量增强处理[47,220]，而保留图像的色彩分量不变。在 CLAHE 的实际应用中，可以将该方法与其他方法相结合进行图像增强处理，如幂定律变换[220]、基于非局部均值滤波的非下采样变换(nonsubsampled contourlet transform, NSCT)[210]、百分位数方法[214]以及小波变换[215,218,221]等方法相结合，能取得较好的图像增强效果。

CLAHE 算法也有自身的不足之处：剪切剩下的像素由于并没有充分考虑到原有图像

直方图的特性,只是将它们均匀分布到各个灰度级上,可能会造成图像纹理细节的失真;另外,CLAHE 算法不能调节增强图像的整体亮度、对比度进一步提升的空间有限,对于水下低对比度降质光学图像增强,还有待研究改进。

利用 CCD/CMOS 摄像机传感器捕获的水下图像,由于受到复杂水下环境的影响,往往存在对比度低、纹理模糊、颜色失真可视范围有限等质量退化问题。水下图像增强算法,一方面要求提高对比度、增强图像细节;另一方面消除偏色、恢复图像的色彩信息。本章拟采用不同颜色空间的 CLAHE 增强图像融合,结合梯度域广义有界对数运算,实现水下图像对比度增强与图像色彩恢复。

6.2　自适应直方图均衡彩色空间信息融合水下图像增强算法

自适应直方图均衡彩色空间信息融合水下图像增强算法主要包括以下步骤:第一,将原始图像从 RGB 颜色空间分别经线性变换和非线性变换,转换至 YIQ 颜色空间和 HSI 颜色空间。在 YIQ 和 HSI 颜色空间中,颜色信息(色彩和饱和度)和亮度信息是分离的。第二,对亮度信息利用 CLAHE 算法增强对比度,并保留图像的颜色信息。若原始图像中的 R,G,B 三个分量严重失调时,可以通过 RGB 颜色空间的 CLAHE 算法进行协调。利用 CLAHE 对 YIQ 图像中的照度分量(Y)进行增强,得到改进的照度分量(Y_1),定义为 CLAHE-YIQ 图像;利用 CLAHE 对 HSI 图像中的强度分量(I)进行增强,得到改进的强度分量(I_1),定义为 CLAHE-HSI 图像。第三,将增强后的图像由 YIQ 空间和 HSI 空间转换至 RGB 颜色空间,分别定义为 YIQ-RGB 和 HSI-RGB 图像。第四,将 YIQ-RGB 图像与 HSI-RGB 图像进行欧几里德范数融合,利用采用 Sobel 边缘检测器提取图像的梯度信息,结合广义有界对数乘法运算,获取梯度域自适应增益增强 RGB 图像。本章提出自适应直方图均衡彩色空间信息融合图像增强算法的流程如图 6.3 所示。

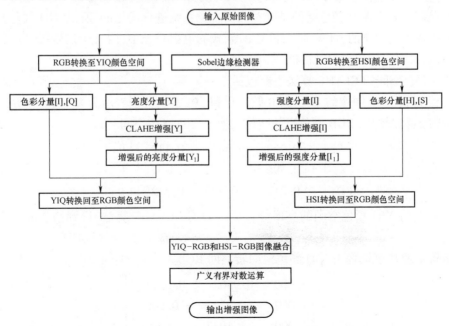

图 6.3　自适应直方图均衡彩色空间信息融合图像增强算法的流程图

6.3　不同颜色空间 CLAHE 算法

6.3.1　RGB 颜色空间 CLAHE 算法

RGB 是最为重要和常见的颜色模型,它建立在笛卡儿坐标(Cartesian coordinate)中,以 R、G、B 三种颜色通道为基础,进行不同程度的叠加,从而产生丰富而鲜艳的颜色,俗称为三基色模式。实际上,一幅 RGB 图像就是彩色图像的一个 $M \times N \times 3$ 数组,其中的每一个彩色像素点都是在特定空间位置中的对应的 red(R)、green(G)和 blue(B)三个分量。在 RGB 颜色空间中,数字图像可以看成是由三个独立的平面图像 red(R)、green(G)和 blue(B)组成的"堆",每个平面分别存储 R、G 和 B 的值。RGB 颜色空间中的三个分量相互关联度大,对任一分量的处理都会影响到其他分量。

RGB 颜色空间的 CLAHE 算法可以分为以下步骤:第一,将原始图像分为三个独立 R、G 和 B 图像。第二,利用 CLAHE 对这三个独立图像进行增强,以实现 R、G 和 B 图像的改进。第三,将改进后的 R、G、B 图像合并成增强的 CLAHE-RGB 彩色图像。

在 RGB 颜色空间中,CLAHE 算法并不十分困难,最终可以得到一个颜色更加和谐的彩色图像。该算法在原始图像的三个 R、G、B 分量不均衡严重的情况下,对彩色图像的颜色协调效果很好。然而,其对比度和信息熵等增强效果非常有限。

6.3.2　YIQ 颜色空间 CLAHE 算法

在 YIQ 颜色空间中,图像数据由三个分量组成:亮度(Y)、色调(I)和饱和度(Q)。其中,亮度分量描述灰度信息,而其他两个分量描述彩色信息。这种形式数据一个主要优势是灰度信息和彩色信息是分离的。YIQ 这几个分量可以从一幅图像的 RGB 分量经过线性变换得到。因为 YIQ 颜色空间是针对人类视觉系统进行优化的,所以 YIQ 颜色空间被广泛使用在不同国家的 NTSC 制式和 PAL 制式的电视系统中,同一个信号既可以用于彩色电视机,又可以用于黑白电视机[153]。

YIQ 颜色空间的 CLAHE 算法主要包括以下步骤:

步骤 1:将 RGB 图像的 R、G 和 B 归一化到 $[0,1]$,分别表示为 R_n、G_n 和 B_n。

步骤 2:将图像由 RGB 颜色空间线性变换至 YIQ 颜色空间:

$$\begin{bmatrix} Y_n \\ I_n \\ Q_n \end{bmatrix} = \begin{bmatrix} 0.299 & 0.587 & 0.114 \\ 0.596 & -0.274 & -0.322 \\ 0.211 & -0.523 & 0.312 \end{bmatrix} \begin{bmatrix} R_n \\ G_n \\ B_n \end{bmatrix} \tag{6.11}$$

步骤 3:将 YIQ 颜色空间的亮度分量(Y_n)应用 CLAHE 算法,得到增强的亮度分量(Y'_n)。

步骤 4:将增强图像由 YIQ 颜色空间转换回 RGB 颜色空间:

$$\begin{bmatrix} R'_n \\ G'_n \\ B'_n \end{bmatrix} = \begin{bmatrix} 1.000 & 0.9562 & 0.6214 \\ 1.000 & -0.2727 & -0.6468 \\ 1.000 & -1.1037 & 1.7006 \end{bmatrix} \begin{bmatrix} Y'_n \\ I_n \\ Q_n \end{bmatrix} \tag{6.12}$$

步骤 5:将 RGB 图像归一化到 uint8 范围 $[0, 255]$:

$$\begin{cases} R' = 255 \times R'_n \\ G' = 255 \times G'_n \\ B' = 255 \times B'_n \end{cases} \tag{6.13}$$

步骤 6:线性拉伸,输出 RGB 表示为

$$\begin{cases} R_1 = \dfrac{R' - R'_{\min}}{R'_{\max} - R'_{\min}} \\[3mm] G_1 = \dfrac{G' - G'_{\min}}{G'_{\max} - G'_{\min}} \\[3mm] B_1 = \dfrac{B' - B'_{\min}}{B'_{\max} - B'_{\min}} \end{cases} \tag{6.14}$$

式中: $R'_{\min} = \min\{R'\}$, $R'_{\max} = \max\{R'\}$; $G'_{\min} = \min\{G'\}$, $G'_{\max} = \max\{G'\}$; $B'_{\min} = \min\{B'\}$, $B'_{\max} = \max\{B'\}$。

在 YIQ 颜色空间中应用 CLAHE 算法增强的图像定义为 CLAHE-YIQ 图像,输出的 RGB 图像的各分量定义为 R_1, G_1 和 B_1。

6.3.3 HSI 颜色空间 CLAHE 算法

HSI 颜色空间基于人类的视觉感知理论,非常适合描述和解释色彩。HSI 颜色空间包含 H(hue,色度)、S(saturation,饱和度)和 I(intensity,亮度)三个分量,亮度信息(I)和色彩信息(H,S)在 HSI 颜色空间中是分离的[103]。因为 HSI 颜色空间图像看起来更加自然和直观,所以 HSI 颜色空间模型非常适合于开发基于彩色描述的图像处理算法。

与 RGB 颜色空间相比较,YIQ 颜色空间在色彩描述方面更加接近人类的视觉感知系统。另外,HSI 颜色空间中的亮度分量是 RGB 颜色空间中的三个颜色通道均值,因此对噪声信号不敏感。HSI 颜色空间图像通过 RGB 颜色空间图像的非线性变换得到。

HSI 颜色空间的 CLAHE 算法主要包括如下步骤:

步骤 1:将 RGB 图像的 R、G 和 B 归一化到 $[0, 1]$ 范围,分别表示为 R_n、G_n 和 B_n。

步骤 2:将图像由 RGB 颜色空间非线性变换至 HSI 颜色空间:

$$\begin{cases} I_{nn} = \dfrac{1}{3}(R_n + G_n + B_n) \\[3mm] S_n = 1 - \dfrac{3}{R_n + G_n + B_n}[\min(R_n, G_n, B_n)] \\[3mm] H_n = \begin{cases} \theta & (B_n \leqslant G_n) \\ 360 - \theta & (B_n > G_n) \end{cases} \end{cases} \tag{6.15}$$

式中: $\theta = \arccos\left\{ \dfrac{\dfrac{1}{2}[(R_n - G_n) + (R_n - B_n)]}{\sqrt{(R_n - G_n)^2 + (R_n - B_n)(G_n - B_n)}} \right\} \tag{6.16}$

步骤 3:将 HSI 颜色空间亮度分量(I_{nn})应用 CLAHE 算法,得到增强的亮度分量(I'_{nn})。

步骤 4:将图像由 HSI 颜色空间($H_n S_n I'_{nn}$)非线性变换至 RGB 颜色空间

$(R''_n G''_n B''_n)$。

步骤 5:将 RGB 图像归一化到 uint8 范围 $[0, 255]$:

$$\begin{cases} R'' = 255 \times R''_n \\ G'' = 255 \times G''_n \\ B'' = 255 \times B''_n \end{cases} \tag{6.17}$$

步骤 6:线性拉伸,输出 RGB 表示为

$$\begin{cases} R_2 = \dfrac{R'' - R''_{\min}}{R''_{\max} - R''_{\min}} \\[3mm] G_2 = \dfrac{G'' - G''_{\min}}{G''_{\max} - G''_{\min}} \\[3mm] B_2 = \dfrac{B'' - B''_{\min}}{B''_{\max} - B''_{\min}} \end{cases} \tag{6.18}$$

式中: $R''_{\min} = \min\{R''\}$, $R''_{\max} = \max\{R''\}$; $G''_{\min} = \min\{G''\}$, $G''_{\max} = \max\{G''\}$; $B''_{\min} = \min\{B''\}$, $B''_{\max} = \max\{B''\}$ 。

在 HSI 颜色空间中应用 CLAHE 算法增强的图像定义为 CLAHE-HSI 图像,输出的 RGB 图像的各分量定义为 R_2 , G_2 和 B_2 。

6.4 YIQ 和 HSI 颜色空间图像融合与梯度域自适应增强算法

CLAHE-YIQ 图像和 CLAHE-HSI 图像先应用欧几里得(Euclidean)范数进行融合[222],然后对融合图像进行广义有界对数运算。图像融合与梯度域自适应增强算法包括如下步骤:

步骤 1:应用欧几里得范数对 CLAHE-YIQ 图像和 CLAHE-HSI 图像进行像素级融合,融合图像表示为

$$RGB_f = \gamma \cdot \left[\sqrt{R_1^2 + R_2^2}, \sqrt{G_1^2 + G_2^2}, \sqrt{B_1^2 + B_2^2} \right] \tag{6.19}$$

式中: γ 是融合系数,取值为 $[0.50, 0.95]$ 。融合图像 RGB_f 的三个分量定义为 R_f、G_f 和 B_f 。融合系数 γ 的选取,最好应确保融合图像的亮度均值在 $[128 - 15, 128 + 15]$ 。随着融合系数 γ 的增加,融合图像的亮度也会增加。

步骤 2:将融合图像的 R_f、G_f 和 B_f 归一化到 $[0, 1]$,表示为 R_{fn} 、G_{fn} 和 B_{fn} 。

步骤 3:对 R_{fn} 、G_{fn} 和 B_{fn} 分别执行梯度域广义有界对数乘法运算,增强后的分量 R'_{fn}、G'_{fn} 和 B'_{fn} 分别表示为

$$\begin{cases} R'_{fn}(x,y) = \lambda(x,y) \otimes R_{fn}(x,y) = \phi^{-1}[\lambda(x,y) R_{fn}(x,y)] = \dfrac{1}{(R_{fn}(x,y))^{\lambda(x,y)} + 1} \\[4mm] G'_{fn}(x,y) = \lambda(x,y) \otimes G_{fn}(x,y) = \phi^{-1}[\lambda(x,y) G_{fn}(x,y)] = \dfrac{1}{(G_{fn}(x,y))^{\lambda(x,y)} + 1} \\[4mm] B'_{fn}(x,y) = \lambda(x,y) \otimes B_{fn}(x,y) = \phi^{-1}[\lambda(x,y) B_{fn}(x,y)] = \dfrac{1}{(B_{fn}(x,y))^{\lambda(x,y)} + 1} \end{cases}$$

$$\tag{6.20}$$

式中：$\lambda(x,y)$ 为像素点 (x,y) 由 Sobel 边缘检测器对应的自适应梯度增益，其梯度增益均值用 $\bar{\lambda}$ 表示。

步骤 4：将 RGB 图像归一化到 uint8 范围 $[0, 255]$：

$$\begin{cases} \widetilde{R} = 255 \times R'_{fn} \\ \widetilde{G} = 255 \times G'_{fn} \\ \widetilde{B} = 255 \times B'_{fn} \end{cases} \qquad (6.21)$$

步骤 5：线性拉伸，输出 RGB 表示为

$$\begin{cases} R_{\text{out}} = \dfrac{\widetilde{R} - \widetilde{R}_{\min}}{\widetilde{R}_{\max} - \widetilde{R}_{\min}} \\[3mm] G_{\text{out}} = \dfrac{\widetilde{G} - \widetilde{G}_{\min}}{\widetilde{G}_{\max} - \widetilde{G}_{\min}} \\[3mm] B_{\text{out}} = \dfrac{\widetilde{B} - \widetilde{B}_{\min}}{\widetilde{B}_{\max} - \widetilde{B}_{\min}} \end{cases} \qquad (6.22)$$

式中：$\widetilde{R}_{\min} = \min\{\widetilde{R}\}$，$\widetilde{R}_{\max} = \max\{\widetilde{R}\}$；$\widetilde{G}_{\min} = \min\{\widetilde{G}\}$，$\widetilde{G}_{\max} = \max\{\widetilde{G}\}$；$\widetilde{B}_{\min} = \min\{\widetilde{B}\}$，$\widetilde{B}_{\max} = \max\{\widetilde{B}\}$。

CLAHE 融合自适应增益增强图像三个分量分别表示为 R_{out}，G_{out} 和 B_{out}，组合而成输出图像 RGB_{out}。

6.5　颜色失真特性图像增强实验

为了验证本章自适应直方图均衡彩色空间信息融合增强算法的有效性，对不同的水下降质图像进实验研究。与以前面章节相一致，为了便于对比分析，还应用本章算法和其他算法对相同的降质图像进行的对比实验。为了验证本章算法的鲁棒性，还要增加特定噪声干扰，验证增强算法的鲁棒性。对于实验结果的分析，采用主客观评价相结合的方法，对单幅增强图像进行了评估。主观评价指标包括图像平滑度、细节清晰度和全局舒适度。客观评价尺度包括均值（mean）、对比度（contrast）、信息熵（entropy）和色彩尺度（CM）、均方差（MSE）和峰值信噪比（PSNR）。其中，MSE 和 PSNR 两项尺度用于评估增强图像与原始图像之间的误差[47]。

本章实验由四个部分组成：第一部分，分别在 RGB、YIQ、HSI 三个不同的颜色空间中实现 CLAHE 增强算法，并分析不同颜色空间对图像增强效果的影响及其局限性。这一部分还应用不同的增强算法对原始降质图像进行对比实验。第二部分，融合系数关联图像增强实验。CLAHE-YIQ 增强图像与 CLAHE-HSI 增强图像融合得

到融合系数关联的增强图像,这主要分析融合系数与融合增强图像之间的对应关系。第三部分,以融合系数关联的增强图像和原始图像作为广义有界对数运算的输入图像和梯度图像,实现自适应梯度域广义有界对数运算图像增强实验。第四部分,增强算法的抗干扰实验。对原始图像添加不同参数的椒盐噪声和高斯噪声,分析本章算法的抗噪声干扰能力。

通过前面章节的实验结果分析,基本上可以明确,对于相同的图像增强算法,相比较于 RGB 颜色空间,HSI 颜色空间中图像对比度提升幅度更大一些。实际上,在 YIQ 颜色空间中,增强图像对比度提升的效果也强于 RGB 颜色空间,这一点在后面的实验中将会得到验证。因为在 HSI 和 YIQ 颜色空间中,图像的色彩信息和亮度信息被解耦分离,对亮度信息进行增强处理,能获得更高的对比度信息,所以对 CLAHE-YIQ 增强图像与CLAHE-HSI 增强图像进行融合处理。当然,在 RGB 颜色空间中执行 CLAHE 算法,有利于协调三个颜色通道之间的亮度均衡,实现色彩恢复与校正。

对于原始图像的选择,仍然采用了第四章、第五章中用到的边坡图像,另外增加了一幅水下 brick wall 图像。对于边坡图像,在第四章中重点解决了噪声干扰问题,在第五章中重点解决了动态范围窄的问题,而在本章中侧重点在解决图像色偏的问题。brick wall 图像本身对比度已经很高(注:brick wall 图像是本文中唯一一幅对比度超过 800 的原始图像),其图像存在的问题主要是色偏严重。为了验证本章算法的宽适用性,本章选择了不同对比度的原始图像开展实验。该实验再次证明,运用不同的图像增强算法,对相同的降质图像开展实验,在理论上和实践上都存在合理性。

6.5.1　实验图像

按照惯例,在实验前先列出原始图像,以便于在本章内对增强图像与原始图像进行对比分析。本章选择的原始图像是边坡图像和 brick wall 图像,这两幅图像的共同特点是色偏严重。本章主要验证自适应直方图均衡彩色空间信息融合增强算法的色偏图像的颜色恢复效果,另外,在颜色恢复的基础上,提高图像的对比度。两幅水下图像(边坡、brick wall)及其对应的直方图如图 6.4 所示,原图像的一些度量参数如表 6.1 所列。

(a) 边坡图　　　　　　　　　　　　　　(b) brick wall图

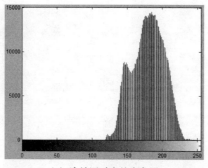
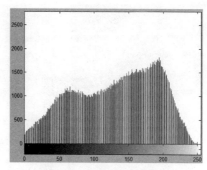

（c）边坡图对应的直方图 （d）brick wall图对应的直方图

图6.4 两幅水下图像(边坡、brick wall)及其对应的直方图

（注:彩色图片见附录。）

表6.1 图6.4两幅水下图像的5个尺度参数

实验图像	size	mean	contrast	Entropy	CM
边坡图	1279×685	171.10	30.77	6.46	32.39
brick wall 图	624×413	120.30	842.26	7.64	37.55

从图6.4可以看出,两幅水下图像都存在比较严重的色偏现象,几乎呈现出单一色调:边坡图像偏蓝绿色,而 brick wall 图的水下围墙图像偏绿色。

边坡图像退化严重,对比度非常低,图像直方图两端非常陡峭,亮度范围非常窄。石头表面几乎被青苔覆盖,与水体的泛蓝色交织在一起,形成了独特的蓝绿色调。整幅图像除了蓝绿色色调,几乎别无他色。鱼儿、树枝、石头缝里的碎石与背景石头颜色几乎混在一起,难以区分,整体图像层次感不理想。

brick wall 图的景观图像取自巴亚考古遗址水面5m以下,是一幅典型的水下图像。图像从水平面到竖立面,再到周围的水草植物,整体呈现绿色的色调;特别是地面上厚厚的一层青苔,显出浓绿色,绿得发亮。地面上的石头被青苔淹没,石头原色完全消失殆尽。尽管在图像的右下角有两条鱼儿在游动,但几乎淹没在整体的绿色之中。图像细节不明显,各部分之间的对比不突出。

6.5.2 不同增强算法实验

对边坡图像,在第四章中运用 Lal 等人自适应直方图均衡[136]、Meng 等人去雾[137]以及 Tarel 等人去雾[138]算法进行了图像增强处理,在第五章中运用 Li 等人的增强算法[194]、Lark 等人的增强算法[195]以及 Galdran 的增强算法[196]算法进行了图像增强处理。在本章中,列出三种算法的图像增强效果:直方图均衡、DCP[73]、同态滤波。需要说明的是,对于本章算法与其他增强算法的比较,并不局限于本章中列出的三种算法,包括前两章的增强算法,总共9种算法的增强结果,都可以进行对比分析。直方图均衡、DCP、同态滤波增强结果如图6.5所示,图6.5实验结果对应的增强图像尺度参数如表6.2所列。边坡图像不同的颜色空间中应用 CLAHE 算法,其增强结果图6.6所示,图6.6的实验结果的增强图像尺度参数如表6.3所列。

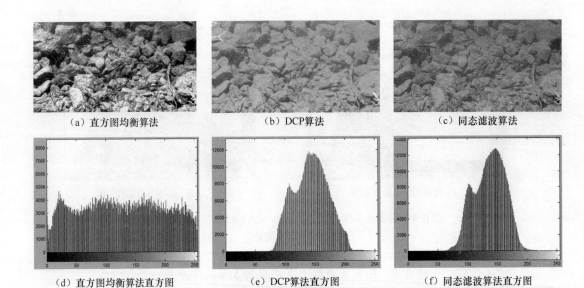

（a）直方图均衡算法　　　　　（b）DCP算法　　　　　（c）同态滤波算法

（d）直方图均衡算法直方图　　（e）DCP算法直方图　　（f）同态滤波算法直方图

图 6.5　边坡图不同算法的增强结果（三）
（注：彩色图片见附录。）

表 6.2　图 6.5 增强结果对应的尺度参数

实验图像	mean	contrast	entropy	CM	MSE	PSNR
直方图均衡	127.46	435.14	5.86	72.72	448.66	30.04
DCP	129.31	58.37	6.76	29.52	0.34	61.38
同态滤波	140.00	108.31	6.55	29.10	0.33	64.16

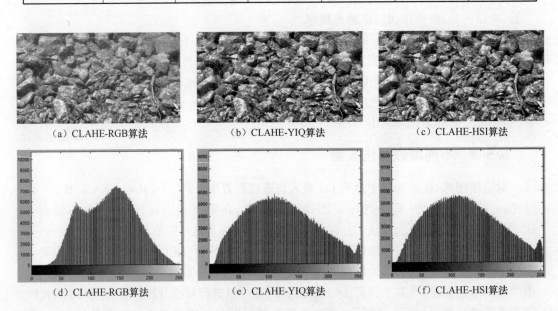

（a）CLAHE-RGB算法　　　　（b）CLAHE-YIQ算法　　　（c）CLAHE-HSI算法

（d）CLAHE-RGB算法　　　　（e）CLAHE-YIQ算法　　　（f）CLAHE-HSI算法

图 6.6　边坡图不同颜色空间 CLAHE 算法的增强图像及其对应的直方图
（注：彩色图片见附录。）

表 6.3　图 6.6 增强结果对应的尺度参数

算法	mean	contrast	entropy	CM	MSE	PSNR
CLAHE-RGB	130.66	176.25	7.42	32.82	69.58	43.81
CLAHE-YIQ	120.86	336.41	7.79	39.75	267.50	31.34
CLAHE-HSI	121.36	369.64	7.77	39.23	234.40	31.12

从图 6.5 和表 6.2 可以看出,DCP 算法和同态滤波算法对原始图像的增强效果非常有限,对比度提升幅度仅为 2~3 倍。DCP 增强结果与原始图像从颜色、对比度方面来看,几乎没有多大的差异。同态滤波增强结果中石头的颜色接近石头原色。直方图均衡算法可以实现对比度高达 14 倍的提升。尽管色彩较原始图像丰富,但增强结果出现了明显的偏色,上半部分的石头呈现蓝色,而下半部分的石头呈现黄色。另外,近景处的石头图像曝光严重。

从图 6.6 和表 6.3 可以看出,在 3 个颜色空间中,CLAHE-YIQ 算法和 CLAHE-HSI 算法的增强效果基本相当,CLAHE-HSI 算法增强效果稍强一些,而 CLAHE-RGB 算法增强效果明显低很多。CLAHE-RGB 算法直方图灰度值覆盖范围有限,CLAHE-YIQ 算法和 CLAHE-HSI 算法直方图灰度值覆盖范围明显增加,在高亮度部分出现了小量的上翘,基本都能呈现较规则的正态分布。在 CLAHE-RGB 算法增强结果中,石头表面的水体蓝色还隐约可见,而在另外两个颜色空间中,除了右上角两块石头表面还有蓝色残留外,其他的石头都凸显原色。CLAHE 增强图像细节清晰度高、全局舒适度高。

对 brick wall 图像运用 Lal 等人的自适应直方图均衡[136]、Meng 等人的去雾算法[137] 以及 Tarel 等人的去雾算法[138] 的增强结果如图 6.7 所示,图 6.7 的实验结果对应的增强图像尺度参数如表 6.4 所示。brick wall 图像在不同颜色空间中应用 CLAHE 算法的增强结果图 6.8 所示,图 6.8 的实验结果对应的增强图像尺度参数如表 6.5 所列。

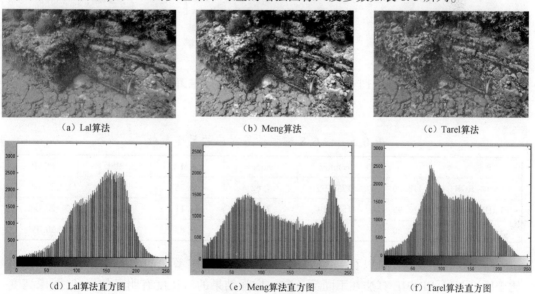

（a）Lal算法　　　　　　　　　（b）Meng算法　　　　　　　　　（c）Tarel算法

（d）Lal算法直方图　　　　　　　（e）Meng算法直方图　　　　　　（f）Tarel算法直方图

图 6.7　brick wall 图不同算法的增强结果

（注:彩色图片见附录。）

表 6.4　图 6.7 增强结果对应的尺度参数

算法	mean	contrast	entropy	CM	MSE	PSNR
Lal	127.46	397.10	7.26	30.05	389.95	22.64
Meng	124.09	1595.45	7.44	61.81	386.87	22.26
Tarel	104.23	1195.97	7.44	37.90	104.23	27.95

　　从图 6.7 和表 6.4 可以看出,Lal 算法对 brick wall 图的处理效果很不理想,处理后图像的尺度参数反而不及原始图像,对比度明显下降。Meng 算法的增强效果较好,图像右下角两条鱼可以清晰辨认,图像右侧围墙竖立面石块也可清晰辨认,画面色彩丰富,但直方图显示出不规则的双峰。Tarel 算法图像对比度比较高,但整幅图像画面显示出比原图更深的绿色调,图像全局舒适度较差。Tarel 算法同 Lal 算法结果相似,图像右下角的两条鱼几乎淹没在背景色中。

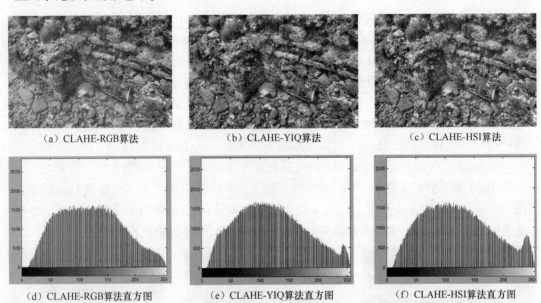

(a) CLAHE-RGB算法　　　　　　(b) CLAHE-YIQ算法　　　　　　(c) CLAHE-HSI算法

(d) CLAHE-RGB算法直方图　　　(e) CLAHE-YIQ算法直方图　　　(f) CLAHE-HSI算法直方图

图 6.8　brick wall 图不同颜色空间 CLAHE 算法的增强图像及其对应的直方图
(注:彩色图片见附录。)

表 6.5　图 6.8 增强结果对应的尺度参数

算法	mean	contrast	entropy	CM	MSE	PSNR
CLAHE-RGB	118.20	1250.99	7.62	38.75	412.36	23.04
CLAHE-YIQ	117.95	1581.14	7.70	41.11	868.59	20.06
CLAHE-HSI	119.30	1647.07	7.66	42.83	726.15	20.19

　　从图 6.8 和表 6.5 可以看出,在不同颜色空间 CLAHE 算法的增强效果存在差异。相比于原始图像,CLAHE 算法在不同颜色空间增强结果的对比度有明显的提升,图像亮度均值适中,图像的色彩也更加丰富。图像水平面和竖立面的青苔好像是被刷子刷干净了一样,呈现出石头和围墙的本来颜色。CLAHE-RGB 算法对水平面上的青苔处理不彻底,

还有较多的油绿残留。CLAHE-HSI 算法的对比度最高,CLAHE-YIQ 算法的对比度次之,CLAHE-RGB 算法的对比度最低。CLAHE-RGB 算法增强结果的直方图呈现较规则的梯形分布;CLAHE-YIQ 算法和 CLAHE-HSI 算法的直方图基本相当,也呈现较规则的正态分布,但在高亮度部分有些上翘。与 CLAHE-YIQ 算法相比较,CLAHE-HSI 算法直方图更平滑一些。CLAHE 增强图像平滑度较高、视觉舒适度较高。

从边坡图和 brick wall 图的增强效果来看,无论是对于对比度高还是对比度低的原始图像,CLAHE-YIQ 算法和 CLAHE-HSI 算法一般都能实现较好的增强效果。对于对比度越低的原始图像,这两种算法的增强效果越是明显。其对边坡图像(对比度低)对比度提高了 10 倍,而对 brick wall 图像(对比度高)对比度提高了近 2 倍。因此,后面的实验将采用 CLAHE-YIQ 算法和 CLAHE-HSI 算法的增强结果进行融合,综合线性变换和非线性变换的优势,以获取更高对比度和视觉质量的增强图像。

6.5.3 融合系数关联图像增强实验

将 CLAHE-YIQ 算法和 CLAHE-HSI 算法的增强结果进行融合,取不同融合系数 γ,得到边坡的增强图像及其对应的直方图如图 6.9 所示,图 6.9 实验结果对应的增强图像尺度参数如表 6.6 所列。以融合系数 γ 为变量,边坡增强图像的均值、对比度、信息熵、色彩尺度、均方差和峰值信噪比的对应关系如图 6.10 所示。

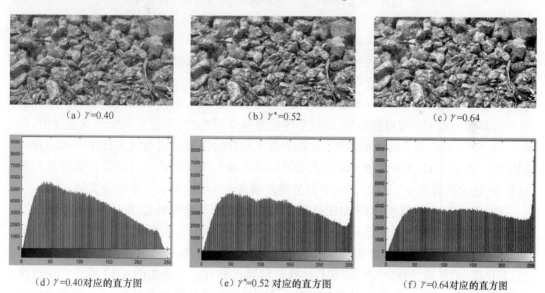

(a) γ=0.40   (b) γ^*=0.52   (c) γ=0.64

(d) γ=0.40对应的直方图   (e) γ^*=0.52 对应的直方图   (f) γ=0.64对应的直方图

图 6.9　边坡图不同融合系数的增强图像及其对应的直方图

(注:彩色图片见附录。)

表 6.6　图 6.9 增强结果对应的尺度参数

融合系数	mean	contrast	entropy	CM	MSE	PSNR
γ = 0.40	104.56	442.76	7.79	34.75	150.47	38.20
γ^* = 0.52	121.99	527.73	7.92	46.86	415.45	27.55
γ = 0.64	136.33	573.69	7.83	55.74	754.41	23.58

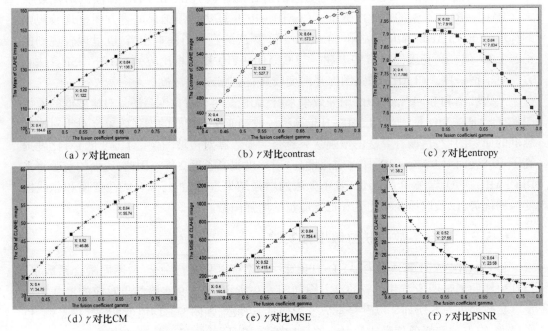

（a）γ对比mean （b）γ对比contrast （c）γ对比entropy

（d）γ对比CM （e）γ对比MSE （f）γ对比PSNR

图 6.10　边坡图融合增强图像的融合系数与相关尺度参数的对应关系

从图 6.9 可以看出，随着融合系数 γ 的增加，直方图中高亮度像素部分开始上翘，图像灰度值接近均匀分布，图像整体对比度明显增加。直方图中高亮度像素部分略微上翘，表明图像亮度像素偏多，过度曝光效应开始凸显。

从表 6.6 和图 6.10 可以看出，随着融合系数 γ 的增加，增强图像的均值、对比度、色彩尺度和均方差均呈现增加趋势，峰值信噪比呈现下降趋势，而信息熵则出现波峰值，在 $\gamma^* = 0.52$ 时对应最大信息熵。同样，坝体边坡融合增强图像的对比度比单一 CLAHE-YIQ 算法和 CLAHE-HSI 算法的对比度要高一些。在后面的坝体边坡图像广义有界对数运算中，融合系数取 $\gamma^* = 0.52$，对不同的梯度域自适应增益开展图像增强实验。

将 CLAHE-YIQ 算法和 CLAHE-HSI 算法的增强结果进行融合，取不同融合系数 γ，得到 brick wall 图的增强图像及其对应的直方图如图 6.11 所示，图 6.11 实验结果对应的增强图像尺度参数如表 6.7 所列。以融合系数 γ 为变量，brick wall 图的增强图像的均值、对比度、信息熵、色彩尺度、均方差和峰值信噪比的对应关系如图 6.12 所示。通过这一部分的实验，能为下一步广义有界对数运算选择一个合适的融合系数 γ^*，开展不同的梯度域自适应增益开展图像增强实验。

（a）γ=0.40 （b）γ^*=0.52 （c）γ=0.64

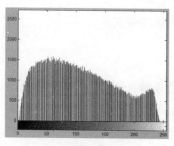
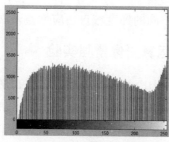
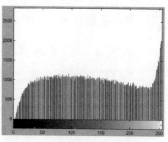

（d）γ=0.40对应的直方图　　　　　（e）γ*=0.52对应的直方图　　　　　（f）γ=0.64对应的直方图

图 6.11　brick wall 图不同融合系数的增强图像及其对应的直方图

（注：彩色图片见附录。）

表 6.7　图 6.11 增强结果对应的尺度参数

融合系数	mean	contrast	entropy	CM	MSE	PSNR
γ = 0.40	104.81	2049.00	7.81	39.93	602.76	21.44
γ* = 0.52	121.75	2513.28	7.90	51.21	1328.09	17.70
γ = 0.64	135.38	2810.43	7.78	59.36	2202.84	15.37

从图 6.11 可以看出，随着融合系数 γ 的增加，直方图中高亮度像素部分开始上翘，图像灰度值接近均匀分布，水平面石子之间的纹理越来越清晰，不再是模糊笼统绿油油一片。

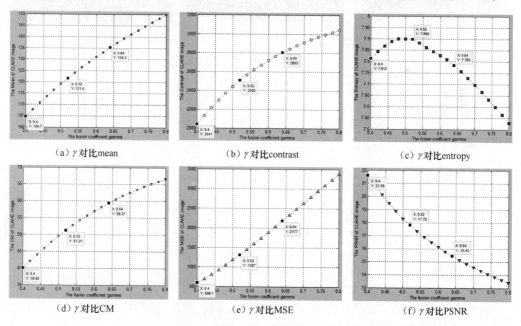

（a）γ对比mean　　　　　　　（b）γ对比contrast　　　　　　　（c）γ对比entropy

（d）γ对比CM　　　　　　　（e）γ对比MSE　　　　　　　（f）γ对比PSNR

图 6.12　brick wall 图融合增强图像的融合系数与相关尺度参数的对应关系

从表 6.7 和图 6.12 可以看出，随着融合系数 γ 的增加，增强图像的均值、对比度、色彩尺度和均方差均呈现增加趋势，峰值信噪比呈现下降趋势，而信息熵出现波峰值，在 γ* = 0.52 时对应最大信息熵。景观围墙融合增强图像的对比度比单一 CLAHE-YIQ 算法和 CLAHE-HSI 算法的对比度要高一些。在后面的水下围墙图像广义有界对数运算中,融合系数取 $\gamma^* = 0.52$,对不同的梯度域自适应增益开展图像增强实验。

6.5.4 广义有界对数运算图像增强实验

对 CLAHE-YIQ 算法和 CLAHE-HSI 算法融合图像在融合系数($\gamma^* = 0.52$)和自适应梯度均值($\bar{\lambda} = 1.2911$)条件下,取不同 BS 和 CL 参数,可得到不同的融合增强结果。边坡图的增强结果如图 6.13 所示,图 6.13 实验结果对应的增强图像尺度参数如表 6.8 所列。以自适应梯度均值 $\bar{\lambda}$ 为变量,边坡图增强图像的均值、对比度、信息熵、色彩尺度、均方差和峰值信噪比的对应关系如图 6.14 所示。

(a) (BS=8×8, CL=0.009)　　(b) (BS=8×8, CL=0.012)　　(c) (BS=8×8, CL=0.015)

(d) (CL=0.012, BS=6×6)　　(e) (CL=0.012, BS=12×12)　　(f) (CL=0.012, BS=24×24)

图 6.13　边坡图广义对数运算图像增强结果

(注:彩色图片见附录。)

表 6.8　图 6.13 实验结果对应的尺度参数

实验图像	mean	contrast	entropy	CM	MSE	PSNR
图 6.13(a)融合增强图像	121.83	513.70	7.91	46.39	385.94	27.93
图 6.13(b)融合增强图像	122.02	543.86	7.92	47.08	442.26	27.09
图 6.13(c)融合增强图像	121.79	557.64	7.91	46.87	447.55	26.58
图 6.13(d)融合增强图像	121.80	505.54	7.92	47.04	425.36	27.27
图 6.13(e)融合增强图像	122.08	605.50	7.92	47.00	451.83	26.79
图 6.13(f)融合增强图像	121.53	758.53	7.90	46.00	415.57	26.57

从图 6.13 和表 6.8 可以看出,对于同样的 BS 参数,随着 CL 参数的增加,融合增强图像的对比度和色彩尺度均增加;而对于同样的 CL 参数,随着 BS 参数的增加,融合增强图像的对比度增加,但色彩尺度均呈下降趋势。当 CL 增加时,融合增强图像大块石头表面的纹理逐渐清晰,石头表面的凹槽、石头缝中细树枝的网状结构也清晰可见,鱼和树枝与石头背景之间的对比明显,原始图像蓝绿色面纱基本剥离。而当 BS 增加时,融合增强图像的对比度有增加,但图像的景深层次感逐渐消失,明暗对比逐渐模糊,图像亮度基本趋

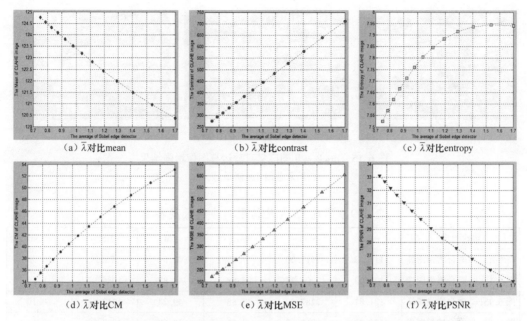

（a）$\overline{\lambda}$对比mean   （b）$\overline{\lambda}$对比contrast   （c）$\overline{\lambda}$对比entropy

（d）$\overline{\lambda}$对比CM   （e）$\overline{\lambda}$对比MSE   （f）$\overline{\lambda}$对比PSNR

图6.14　边坡图增强图像自适应增益均值与相关尺度参数之间对应关系

于一致。当 BS 很大时,整体图像犹如雕刻版画。实际上,CLAHE 增强图像的对比度首先主要取决于 CL 参数,其次取决于 BS 参数。在实际应用中,CL 参数与 BS 参数取值应合理。

从图 6.14 可以看出,随着自适应梯度均值 $\overline{\lambda}$ 的增加,增强图像的均值和峰值信噪比呈现下降趋势,对比度、信息熵、色彩尺度和均方差呈现上升趋势。在 $\overline{\lambda}$ = 1.5 左右,增强图形的信息熵取得最大值,但图像对比度还有提升空间。因为坝底边坡原始图像的对比度非常低,广义对数运算图像对比度提升的范围也就非常大。在实际图像增强应用实践中,应充分考虑图像亮度均值、对比度、信息熵、色彩等综合因素,选择合适的自适应梯度均值 $\overline{\lambda}$ 。

对 CLAHE-YIQ 算法和 CLAHE-HSI 算法融合图像在一定的融合参数(γ^{*} = 0.52)和自适应增益均值($\overline{\lambda}$ = 1.1953)条件下,取不同的 BS 和 CL 参数,可得到不同的融合增强结果。brick wall 图的增强结果如图 6.15 所示,图 6.15 实验结果对应的增强图像尺度参数如表 6.9 所列。以自适应梯度增益均值 $\overline{\lambda}$ 为变量,brick wall 图增强图像的均值、对比度、信息熵、色彩尺度、均方差和峰值信噪比的对应关系如图 6.16 所示。

（a）(BS=8×8, CL=0.004)   （b）(BS=8×8, CL=0.006)   （c）(BS=8×8, CL=0.008)

(d) (CL=0.006，BS=5×5)

(e) (CL=0.006，BS=10×10)

(f) (CL=0.006，BS=20×20)

图 6.15　brick wall 图广义对数运算图像增强结果

(注:彩色图片见附录。)

表 6.9　图 6.15 实验结果对应的尺度参数

实验图像	mean	contrast	entropy	CM	MSE	PSNR
图 6.15(a)融合增强图像	118.62	1917.00	7.85	45.69	778.99	19.99
图 6.15(b)融合增强图像	121.07	2204.37	7.88	48.82	1086.62	18.66
图 6.15(c)融合增强图像	121.81	2287.30	7.88	49.24	1212.53	18.19
图 6.15(d)融合增强图像	121.20	2062.09	7.87	49.68	1008.48	19.16
图 6.15(e)融合增强图像	120.52	2302.10	7.88	48.00	1122.32	18.36
图 6.15(f)融合增强图像	119.51	2464.64	7.81	43.32	1092.03	18.31

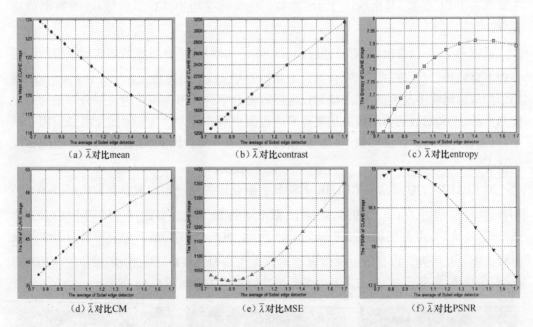

(a) $\bar{\lambda}$对比 mean 　　(b) $\bar{\lambda}$对比 contrast 　　(c) $\bar{\lambda}$对比 entropy

(d) $\bar{\lambda}$对比 CM 　　(e) $\bar{\lambda}$对比 MSE 　　(f) $\bar{\lambda}$对比 PSNR

图 6.16　brick wall 图增强图像自适应增益均值与相关尺度参数之间对应关系

　　从图 6.15 和表 6.9 可以看出,对于同样的 BS 参数,随着 CL 参数的增加,融合增强图像的对比度和色彩尺度均增加;而对于同样的 CL 参数,随着 BS 参数的增加,融合增强图像的对比度增加,但色彩尺度均呈下降趋势。当 CL 增加时,融合增强图像的鱼及围墙上的青苔纹理逐渐清晰,层次逐渐分明。而当 BS 增加时,尽管融合增强图像的对比度有增加,但图像的景深层次逐渐消失,整体图像犹如雕刻版画,所有信息都表现在同一层面。CLAHE 增强图像的对比度首先主要取决于 CL 参数,其次取决于 BS 参数。

从图 6.16 可以看出,随着自适应梯度增益均值 $\overline{\lambda}$ 的增加,增强图像均值呈现下降趋势,对比度和色彩尺度呈现上升趋势,信息熵和峰值信噪比出现了波峰值,而均方差则出现的波谷值。在 $\overline{\lambda}=1.4$ 左右对应最大信息熵。在实际图像增强应用实践中,应充分考虑图像亮度、对比度、信息熵、色彩等综合因素,选择合适的自适应梯均值 $\overline{\lambda}$ 。

6.5.5 增强算法抗噪声干扰实验

为了进一步评估本章算法的增强效果,对原始图像增加确定分布的噪声信号,评估本章增强算法对不同噪声情况下的抗干扰能力。对边坡图添加椒盐噪声(密度 $d=0.10$,$d=0.20$,$d=0.30$)高斯噪声方差(var=0.01,var=0.02,var=0.05)的增强结果如图 6.17 所示。

对 brick wall 图添加椒盐噪声(密度 $d=0.10$,$d=0.20$,$d=0.30$)和高斯噪声(方差 var=0.05,var=0.10,var=0.20)的增强结果如图 6.18 所示。

(a) 椒盐噪声d=0.10　　　　　(b) 椒盐噪声d=0.20　　　　　(c) 椒盐噪声d=0.30

(d) 高斯噪声var=0.01　　　　　(e) 高斯噪声var=0.02　　　　　(f) 高斯噪声var=0.05

图 6.17　边坡图添加椒盐噪声和高斯噪声后的增强结果

(注:彩色图片见附录。)

(a) 椒盐噪声d=0.10　　　　　(b) 椒盐噪声d=0.20　　　　　(c) 椒盐噪声d=0.30

（d）高斯噪声var=0.05　　　　　（e）高斯噪声var=0.10　　　　　（f）高斯噪声var=0.20

图 6.18　brick wall 图添加椒盐噪声和高斯噪声后的增强结果

（注：彩色图片见附录。）

从图 6.17 可以看出，在噪声较小时，噪声污染的增强图像依然比较清晰，边坡石头和鱼清晰可见，景象之间层次分明；随着噪声信号幅值增加，边坡的大体轮廓还可以分辨出来，但鱼和树枝的纹理细节就基本被淹没了。

从图 6.18 可以看出，在噪声较小时，噪声污染后的增强图像依然比较清晰，竖立面的围墙与水平面石子的轮廓清晰可见，景象之间层次分明；随着噪声信号增加，围墙的大体轮廓还可以分辨出来，但图像中鱼、水草、地板石头的细节基本被淹没了。在图 6.18(f)中，基本很难分辨出围墙和水平面。

6.6　含有颜色失真的多种特性图像增强

对于应用场景，本节侧重于构建场景主导、多种特性并存、增强算法统筹安排的应用研究方案。太阳光照场景下的水下光学图像，会同时存在颜色失真、非均匀亮度、信噪比低、动态范围窄等降质特性。本节主要开展含有颜色失真的多种特性图像增强，具体包括图像增强方法与实验研究。

6.6.1　图像增强方法

对于含有颜色失真的多种特性图像增强，根据 2.3 节含有多种特性的水下降质光学图像增强方法，开展多种特性降质水下光学图像增强研究。太阳光照场景下降质图像存在四种降质特性：A 代表非均匀亮度特性，B 代表颜色失真特性，信噪比低与动态范围窄相伴并存，用 C 和 D 表示。只要存在中度或者重度非均匀亮度特性，非均匀亮度特性必须优先处理。在太阳光照场景下，颜色失真特性优先权次于非均匀亮度之后。信噪比低与动态范围窄这两种特性既相伴并存，又会互相消融。

在非均匀亮度和颜色失真特性处理之后，对于信噪比低与动态范围窄特性的处理，可以分别通过对应的增强处理方法分别处理，在降质特性削弱到合理范围的前提下，选择一种较好的处理结果即可。在图像恢复环节之后，再进行图像增强处理。

6.6.2　实验图像

颜色失真的水下降质光学图像，往往呈现典型的蓝色调或者绿色调。不失一般性，在实验前先给出原始图像，以方便研究人员在本章内对增强图像与原始图像进行对比分析。这一节的原始图像，根据太阳光照场景下降质图像的特点，从第 4 章~第 6 章中选取的 1

幅典型的水下降质光学图像。这幅太阳光照场景下典型的原始水下降质光学图像,同时综合存在四种的降质特性(颜色失真、非均匀亮度、信噪比低、动态范围窄)。因此,对于原始图像基本情况,除了直方图、5 个一般的尺度参数外,还包括 4 类特性的具体参数,以及对应的特性是否存在的判断结论。其中,4 类特性参数大小及其分析判断结论,是进一步图像恢复处理的依据。

含有颜色失真的多种特性边坡图像及其对应的直方图如图 6.19 所示,原始图像的 5 个尺度参数如表 6.10 所列。根据水下降质光学图像特性判断的相关理论,水下降质光学图像的 4 类特性参数(光圈层最大亮度差 $L_{\text{difference}}$、雾密度 D、动态范围比率 G_{dynamic}、颜色失真度 ϑ)如表 6.11 所示。水下降质光学图像的 4 类特性判断结论如表 6.12 所列("√"表示特性存在,"×"表示特性不存在)。

表 6.11 体现的是特性的量值,便于比较不同图像之间同一特性的大小。表 6.12 体现的是特性存在与否的结论,便于了解一幅图像综合存在哪些特性,为后面特性对应的图像恢复提供判断的依据。从表 6.12 还可以看出,边坡图像存在非均匀亮度、颜色失真、信噪比低、动态范围窄 4 类特性,属于太阳光照场景下含有多种特性水下降质光学图像。4 类降质特性的具体表现为中度非均匀亮度、图像偏蓝绿色调、相比较于信噪比低特性、动态范围窄的特性较严重。

 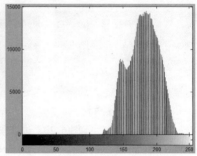

(a)边坡图　　　　　　　　　　　　　(b)边坡图对应的直方图

图 6.19　多种特性边坡图像及其对应的直方图

(注:彩色图片见附录。)

表 6.10　图 6.19 水下降质光学图像的 5 个尺度参数

实验图像	size	mean	contrast	Entropy	CM
边坡图像	1279×685	171.10	30.77	6.46	32.39

表 6.11　图 6.19 水下降质光学图像的 4 类特性参数

实验图像	$L_{\text{difference}}$	D	G_{dynamic}	ϑ
边坡图像	65	0.62	29.41%	0.66

表 6.12　图 6.19 水下降质光学图像的 4 类特性判断

实验图像	非均匀亮度	信噪比低	动态范围窄	颜色失真
边坡图像	√	√	√	√

6.6.3 实验结果

边坡图像仿真实验,包括两个步骤:特性图像恢复实验、梯度域自适应增益增强实验。对于每一步的实验结果,均通过 4 类特性参数进行评估,一方面判断融合图像是否存在特性,另一方面评估融合实验的效果。边坡图像特性图像恢复仿真实验包括信噪比低、动态范围窄、颜色失真等三类特性的图像恢复实验。

边坡图像不同分层光圈图、匀光修正如图 6.20 所示。考虑到坝底边坡图像轻微的非均匀亮度特性,非均匀亮度(特性 A)图像恢复图像取 $N=11$ 层光圈修正图。边坡图像非均匀亮度(特性 A)、颜色失真(特性 B)、动态范围窄(特性 C)、信噪比低(特性 D)图像恢复输出图像及其对应的直方图如图 6.21 所示,图像恢复输出图像对应的尺度参数如表 6.13 所列,图像恢复输出图像对应的 4 类特性参数及其特征判断结论如表 6.14 和表 6.15 所列。

（a）$N=5$层光圈图 （b）$N=11$层光圈图 （c）$N=23$层光圈图

（d）$N=5$层光圈修正图 （e）$N=11$层光圈修正图 （f）$N=23$层光圈修正图

图 6.20 边坡图像不同分层光圈图、匀光修正图
（注:彩色图片见附录。）

（a）特征A图像恢复 （b）特征B、特征C、特征D图像恢复1 （c）特征B、特征C、特征D图像恢复2

（d）特征A图像恢复直方图 （e）特征B、特征C、特征D图像恢复1 直方图 （f）特征B、特征C、特征D图像恢复2 直方图

图 6.21 边坡图像特性恢复图像及其对应的直方图
（注:彩色图片见附录。）

124

表 6.13　图 6.21 图像恢复结果对应的尺度参数

实验图像	mean	contrast	entropy	CM	MSE	PSNR
特征 A 图像恢复	172.29	10.86	6.20	30.12	95.85	29.05
特征 B、C、D 图像恢复 1	127.98	116.65	7.58	41.57	128.59	Inf
特征 B、C、D 图像恢复 2	128.59	172.61	7.75	50.89	274.43	35.43

表 6.14　图 6.21 图像恢复结果对应的 4 类特性参数

实验图像	$L_{difference}$	D	$G_{dynamic}$	ϑ
特征 A 图像恢复	13	0.71	25.88%	0.66
特征 B、C、D 图像恢复 1	22	0.37	63.92%	1.00
特征 B、C、D 图像恢复 2	30	0.27	78.43%	1.00

表 6.15　图 6.21 图像恢复结果对应的 4 类特性结论

实验图像	非均匀亮度	信噪比低	动态范围窄	颜色失真
特征 A 图像恢复	✕	✓	✓	✓
特征 B、C、D 图像恢复 1	✕	✕	✕	✕
特征 B、C、D 图像恢复 2	✕	✕	✕	✕

　　边坡图像梯度域自适应增益增强融合输出图像及其对应的直方图如图 6.22 所示,自适应增益增强图像的尺度参数如表 6.16 所列,增强融合输出图像对应的 4 类特性参数及其特征判断结论如表 6.17 和表 6.18 所列。

　　图 6.22 的边坡图像自适应增益增强融合输出图像,相比较于第三章~第五章的自适应增益增强输出图像,主要区别是在克服了四类特性下的增强输出图像。

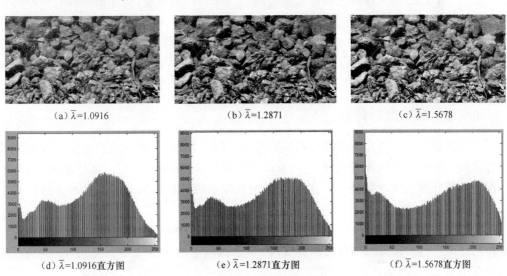

(a) $\bar{\lambda}=1.0916$ 　　　　(b) $\bar{\lambda}=1.2871$ 　　　　(c) $\bar{\lambda}=1.5678$

(d) $\bar{\lambda}=1.0916$直方图 　　(e) $\bar{\lambda}=1.2871$直方图 　　(f) $\bar{\lambda}=1.5678$直方图

图 6.22　边坡图像自适应增益增强图像及其对应的直方图
(注:彩色图片见附录。)

表 6.16　图 6.22 自适应增益增强结果对应的尺度参数

梯度增益均值	mean	contrast	entropy	CM	MSE	PSNR
$\overline{\lambda} = 1.0916$	128.65	210.37	7.80	53.51	11.24	37.64
$\overline{\lambda} = 1.2871$	129.50	253.87	7.87	58.08	57.35	30.55
$\overline{\lambda} = 1.5678$	130.67	316.25	7.89	63.81	183.34	25.50

表 6.17　图 6.22 增强结果对应的 4 类特性参数

梯度增益均值	$L_{difference}$	D	$G_{dynamic}$	ϑ
$\overline{\lambda} = 1.0916$	22	0.25	80.00%	1.00
$\overline{\lambda} = 1.2871$	26	0.23	84.71%	1.00
$\overline{\lambda} = 1.5678$	24	0.21	89.80%	1.00

表 6.18　图 6.22 增强融合结果对应的 4 类特性结论

梯度增益均值	非均匀亮度	信噪比低	动态范围窄	颜色失真
$\overline{\lambda} = 1.0916$	×	×	×	×
$\overline{\lambda} = 1.2871$	×	×	×	×
$\overline{\lambda} = 1.5678$	×	×	×	×

匀光效果和对比度效果是一对矛盾量:匀光分层数量越大,匀光处理效果越好,但图像对比度损失也越大;反之,匀光处理效果欠佳,但图像对比度损失较小。另外,匀光分层数量的选择还应与非均匀亮度特性程度相适应:对于轻微非均匀亮度特性,选择较小的匀光分层数量;反之,应选择较大的匀光分层数量。综合以上考量,边坡图像梯轻微非均匀亮度特性,选择了较小的匀光分层数量 $N=11$。

该实验结果也存在一些小问题,图 6.21 和图 6.22 的图像恢复图像和增强融合图像中的右上角三块石头中的交叉部位,存在一个小范围的光晕。这实际上是匀光分层处理时带来的小瑕疵,但不影响整张图像的纹理细节、色彩等视觉效果。

6.6.4　实验分析评价

本节根据水下降质光学图像增强算法仿真实验流程图,从水下降质光学图像的四类特性出发,通过 1 幅典型的包括颜色失真的多种特性水下降质图像(坝底边坡图像)的特性图像恢复和对比度增强融合实验,验证了包括颜色失真在内的多种特性水下降质光学图像增强算法的有效性。

边坡图像存在的四类特性,只是信噪比低和动态范围窄的特性明显一些,另外两类特性相对轻微一些。经过增强算法仿真实验,动态范围窄由 30% 左右拓宽至 80% 左右,雾的浓度由 0.62 下降至 0.25。坝底边坡图像的整体视觉效果得到了高效提升。

增强算法仿真实验有待改进的方面是,算法执行的时间比较长,特别是匀光处理的时间,这主要是程序设计的复杂度比较高。

本 章 小 结

针对原始水下图像偏色的问题,本章提出了一种自适应直方图均衡颜色失真水下降质光学图像增强算法。首先,介绍了 CLAHE 算法的优势和详细的运算步骤,并分析了算法存在的不足之处。其次,提出了在不同的颜色空间应用 CLAHE 算法,对 CLAHE-YIQ 和 CLAHE-HSI 图像进行融合,并对融合图像进行梯度域自适应线性增强。最后,选择了两幅原始水下景物图像(坝体边坡图像、水下围墙图像)开展了一系列的实验,分析了图像块尺寸(BS)、剪切限制(CL)、融合系数(γ)和梯度增益均值($\bar{\lambda}$)对增强结果的影响,验证了本章算法的可行性和有效性。

对图像显示而言,RGB 颜色空间最大的优点就是直观,容易理解;其缺点是 R,G,B 这 3 个分量是高度相关的,不适合进行进一步的图像增强处理。为了分离图像的亮度信息和色彩信息,本章首先分别对 RGB 颜色空间进行线性和非线性变换,获取 YIQ 图像和 HSI 图像;然后在 YIQ 颜色空间和 HSI 颜色空间对图像的亮度分量进行 CLAHE 算法增强处理,分别得到 CLAHE-YIQ 和 CLAHE-HSI 增强图像。

CLAHE 算法的增强效果首先主要取决于参数 CL,其次取决于 BS。CL 参数参数的增加,会带来图像动态范围和对比度的增加,但过大的 CL 取值会削弱 CLAHE 算法对噪声抑制的能力,退化为 AHE 算法。BS 参数的取值应保证图像色彩信息的保留,过大的 BS 取值会导致图像层次感的削弱,图像信息的扁平化。

CLAHE-YIQ 图像和 CLAHE-HSI 图像,都能保留图像的色彩信息,也能增强图像的对比度。欧几里得范数融合系数(γ)能有效调节融合图像的亮度均值,弥补原始图像拍摄时存在的亮度过大或者亮度过小问题,得到比 CLAHE-YIQ 图像和 CLAHE-HSI 图像更高的对比度、信息熵和色彩尺度。随着融合系数(γ)的增加,信息熵会出现峰值点,信息熵峰值点对应的融合系数(γ),可以作为理想的融合系数(γ)。

充分利用原始图像丰富的梯度信息,对融合图像进行梯度域广义有界对数乘法运算,能实现图像对比度自适应线性增强,还可以根据梯度均值($\bar{\lambda}$)对图像的对比度连续调节。但在实际图像增强应用实践中,应充分考虑图像亮度、对比度、信息熵、色彩尺度等综合因素,选择合适的自适应梯度均值($\bar{\lambda}$)。

本章的最后部分开展了两幅存在色偏现象的水下图像实验。原始水下围墙图像:绿油油一片,纹理细节完全淹没。经过本章算法,水下围墙呈现出均衡的色彩,纹理细节清晰化,对比度提升。另外,还开展了抗噪声干扰实验,评估本章算法对不同噪声的抗干扰能力。该实验证明,本章算法对确定分布的椒盐噪声和高斯噪声,具有较明显的鲁棒性。

本章还开展了包括颜色失真的多种特性图像水下降质光学图像增强实验,以坝底边坡图像为例。该实验结果表明,对于综合存在多类特性的水下降质光学图像,本章算法能有效消除降质特性,并能有效提升增强图像的对比度、信息熵、色彩尺度,整体提升图像的视觉质量。

本章提出的对比度受限自适应直方图均衡颜色失真与多种特性水下降质光学图像增强,对于太阳光照场景下,颜色失真、非均匀亮度、信噪比低、动态范围窄的水下降质光学图像,都能显著提高图像的对比度、信息熵和色彩尺度,并能有效调节输出图像的亮度、丰富图像纹理细节信息。

第七章　总结与展望

7.1　总结与创新

水下降质光学图像增强是推进水下机器人智能化及其应用化进程的关键。水下光学图像会出现非均匀亮度、信噪比低、动态范围窄、颜色失真等降质特性的降质现象。退化的水下图像会影响到水下目标识别后面环节的准确性，从而增加科学研究和工程应用的难度。

现有的水下图像增强方法，缺乏降质图像特性的数学描述、只针对图像的某种退化现象、不能连续调节增强图像的尺度指标等。因此，本书以水下降质光学图像为研究对象，提出水下降质光学图像特性判断的参数指标体系，提出了水下降质光学图像增强的系统方案，并对该系统方案所涉及的关键技术展开了深入的研究。本书主要开展了以下几方面研究工作。

（1）分析了水下降质光学图像产生的背景，研究了现有算法的局限性，构建了水下降质光学图像的图像恢复与图像增强相结合的系统方法；研究了人类视觉感知系统的生理机理以及信息加工机制，并探讨了降质图像特性描述和度量方法。

（2）针对水下降质图像非均匀亮度特性问题，提出了水下探测目标非均匀亮度图像的匀光处理算法。从非均匀亮度图像存在的光照偏亮、光照正常、光照偏暗三个区域出发，客观分析光圈分布，详细讨论了矩形滤波掩模相关结构参数。

（3）针对水下降质图像信噪比低特性问题，提出了一种透射率优化信噪比低水下降质光学图像增强算法。从水下探测目标光学成像模型出发，分析了从观测图像反演推导到全局背景光照向量、透射率向量，进而计算目标真实图像的步骤。

（4）针对水下降质图像动态范围窄问题，提出了一种仿生视觉感知 retinex 模型动态范围窄水下降质光学图像增强算法。在图像均值和均方差的基础上，引入控制图像动态范围参数，实现图像对比度无色偏调节，并降低噪声干扰。

（5）针对水下降质图像颜色失真问题，提出了一种对比度受限自适应直方图均衡（CLAHE）颜色失真降质水下光学图像增强方法。对原始图像在不同颜色空间进行光照强度分量增强，进行欧几里得范数融合算法，调节增强图像色彩值和对比度。

（6）开展了四类特性、辅助光源和太阳光照两种应用场景水下降质光学图像增强实验，包括存在单一降质特性的降质图像处理实验，综合存在多种降质特性的降质图像处理实验。该实验验证，本书的图像增强的方法能有效消除降质特性，光圈层最大亮度差和雾密度下降幅度为 76.13% 和 84.45%，动态范围比率和颜色均衡度提升幅度可达 166.68% 和 51.52%；显著提升水下光学图像视觉质量，对比度、信息熵和色彩尺度等提升幅度可达 22690%、22.60% 和 119.93%。该实验结果表明，本书图像增强方法能保持输入图像中显著的纹理细节和结构信息,能有效增强图像的视觉质量。本书的研究成果可以满足水利工程及其他应用领域中水下降质光学图像增强需求。

本书的主要创新点如下:

(1) 提出了一种水下降质光学图像降质特性判断的参数标准,明确刻画了降质特性的定义与度量,为水下降质光学图像增强效果的评估提供了量化的依据。水下降质光学图像特性的参数描述,既丰富了水下图像视觉质量的评价内涵,也拓展了水下光学图像增强处理质量提升评价参数的多元化。在此基础上,结合四类主要降质特性(非均匀亮度、信噪比低、动态范围窄、颜色失真)的水下降质光学图像增强应用实验,验证了该参数的有效性,同时也验证了该参数的可推广性。

(2) 提出了一种基于广义有界对数运算模型的彩色空间增强图像对比度、信息熵等尺度指标连续调节方法。图像增强阶段,通过恢复图像和梯度域自适应增益的广义有界对数运算,实现图像对比度、信息熵在一定范围内的连续调节。广义有界对数运算模型,一方面,能够在一定程度上模拟人类视觉系统由远及近观察目标的特性;另一方面,对于探索图像对比度、信息熵等尺度参数变化规律具有重要意义。

(3) 提出了一种基于线性变换与非线性变换相结合的彩色空间图像融合算法。为了协调彩色图像颜色不均衡现象,提出了 YIQ 和 HSI 颜色空间图像融合算法。该融合算法能有效调节融合图像的亮度均值,获取比单一颜色空间 CLAHE 算法更高的图像对比度、信息熵和色彩尺度增强效果。该实验结果验证了该融合算法的有效性,增强图像的整体视觉质量显著提升。

7.2 展　　望

在本书研究工作的基础上,今后有待进一步开展的工作,如下:

(1) 研制水下降质光学图像增强算法实现硬件,提高图像增强效率,开展实际场景检测。本书的实验结果与理论结果还存在差距,需研制水下降质光学图像增强算法实现硬件,并开展实际场景检测,输入是低对比度降质光学图像,输出是降质特性基本消除的高质量光学图像,能有效消除其降质特性,并能在一定范围内调节增强图像的对比度、信息熵和色彩尺度。

(2) 研制自主图像增强样机,推进水下机器人视觉系统智能化进程。本书侧重光学图像增强软件部分的设计与研究,尚需开展光机电一体化设计的研究,研制出自主水下图像增强样机。将自主图像增强样机与水下机器人相结合,实现图像信息获取、图像增强、图像信息传输的一体化设计,推进水下机器人视觉系统智能化进程。

(3) 研究基于仿生视觉感知机理的水下目标检测方法。本书提出的水下图像增强算法能实现图像对比度的显著提升,但该算法效率有待提高。另外,本书的算法尚不具备对目标进行跟踪监测的功能。为了进一步提高本书算法的实践性,还需进一步研究基于仿生视觉感知机理的水下目标检测方法。

附录 彩色插图

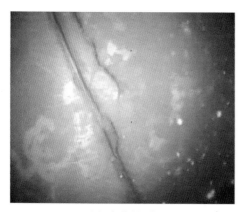

（a）中裂缝图像

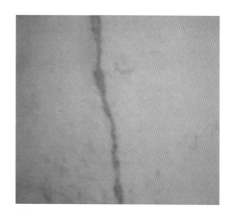

（b）小裂缝图像

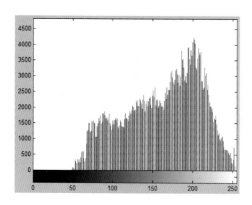

（c）中裂缝图对应的直方图

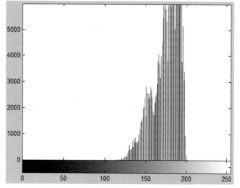

（d）小裂缝图的对应的直方图

图 3.1 两幅水下大坝裂缝图像及其对应的直方图

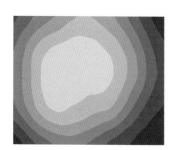

（a）N=7层光圈图

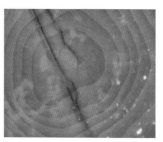

（b）N=7层匀光修正图

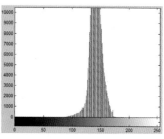

（c）N=7层匀光修正图对应的直方图

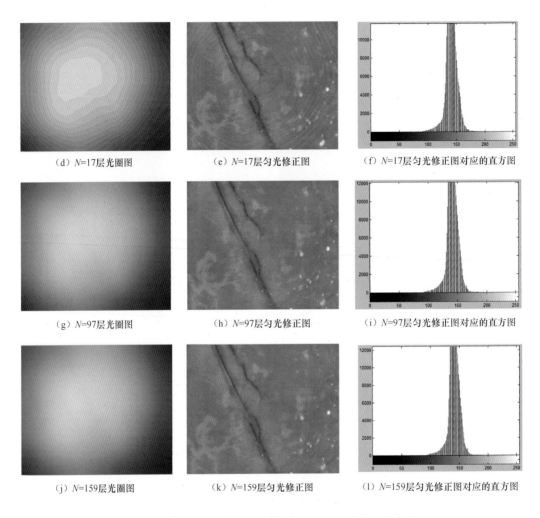

(d) N=17层光圈图   (e) N=17层匀光修正图   (f) N=17层匀光修正图对应的直方图

(g) N=97层光圈图   (h) N=97层匀光修正图   (i) N=97层匀光修正图对应的直方图

(j) N=159层光圈图   (k) N=159层匀光修正图 （l) N=159层匀光修正图对应的直方图

图3.2 中裂缝图不同分层光圈图、匀光修正图及其对应直方图

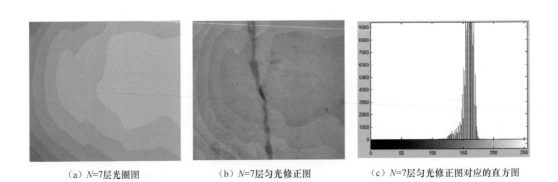

（a) N=7层光圈图   (b) N=7层匀光修正图   (c) N=7层匀光修正图对应的直方图

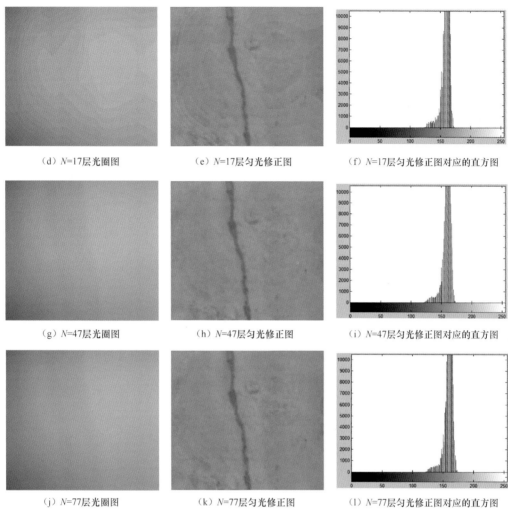

（d）N=17层光圈图 （e）N=17层匀光修正图 （f）N=17层匀光修正图对应的直方图

（g）N=47层光圈图 （h）N=47层匀光修正图 （i）N=47层匀光修正图对应的直方图

（j）N=77层光圈图 （k）N=77层匀光修正图 （l）N=77层匀光修正图对应的直方图

图 3.3 小裂缝图不同分层光圈图、匀光修正图及其对应直方图

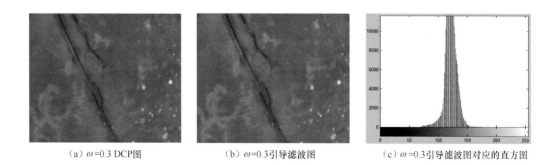

（a）ω=0.3 DCP图 （b）ω=0.3引导滤波图 （c）ω=0.3引导滤波图对应的直方图

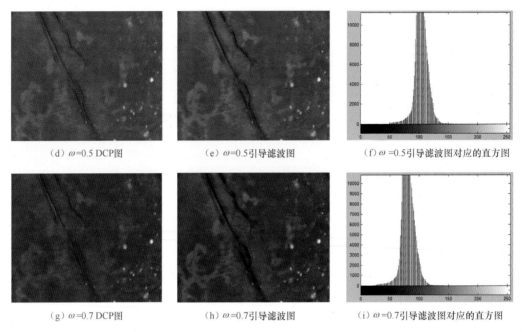

（d）ω=0.5 DCP图   （e）ω=0.5引导滤波图   （f）ω=0.5引导滤波图对应的直方图

（g）ω=0.7 DCP图   （h）ω=0.7引导滤波图   （i）ω=0.7引导滤波图对应的直方图

图 3.4   中裂缝图暗通道去噪增强图、引导滤波图及其对应直方图

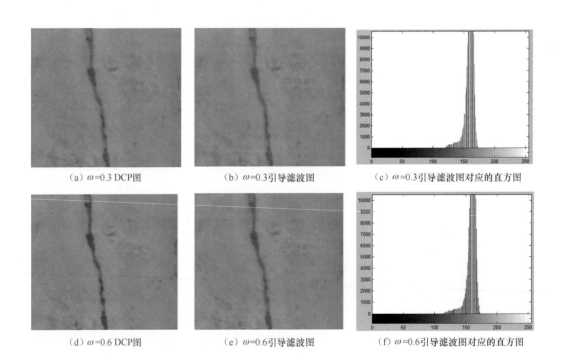

（a）ω=0.3 DCP图   （b）ω=0.3引导滤波图   （c）ω=0.3引导滤波图对应的直方图

（d）ω=0.6 DCP图   （e）ω=0.6引导滤波图   （f）ω=0.6引导滤波图对应的直方图

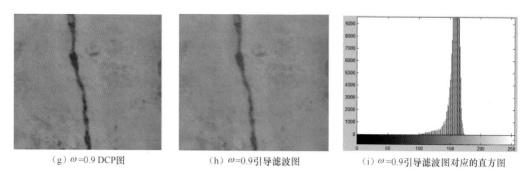

（g）ω=0.9 DCP图　　　　　　（h）ω=0.9引导滤波图　　　（i）ω=0.9引导滤波图对应的直方图

图 3.5　小裂缝图暗通道去噪增强图、引导滤波图及其对应直方图

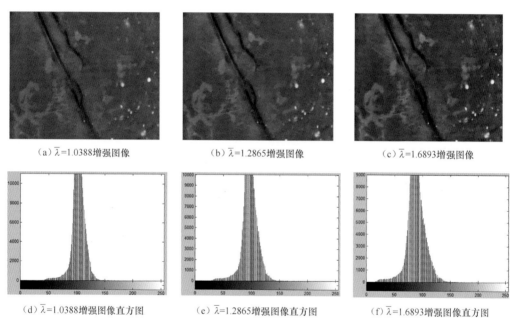

（a）$\bar{\lambda}$=1.0388增强图像　　　　（b）$\bar{\lambda}$=1.2865增强图像　　　　（c）$\bar{\lambda}$=1.6893增强图像

（d）$\bar{\lambda}$=1.0388增强图像直方图　　（e）$\bar{\lambda}$=1.2865增强图像直方图　　（f）$\bar{\lambda}$=1.6893增强图像直方图

图 3.6　中裂缝图梯度域自适应增益增强结果

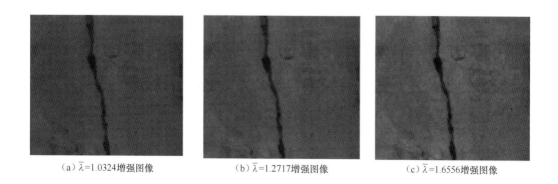

（a）$\bar{\lambda}$=1.0324增强图像　　　　（b）$\bar{\lambda}$=1.2717增强图像　　　　（c）$\bar{\lambda}$=1.6556增强图像

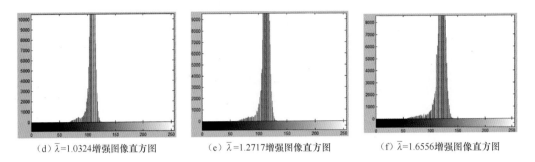

（d）$\bar{\lambda}$=1.0324增强图像直方图　　　　（e）$\bar{\lambda}$=1.2717增强图像直方图　　　　（f）$\bar{\lambda}$=1.6556增强图像直方图

图 3.7　小裂缝图梯度域自适应增强结果

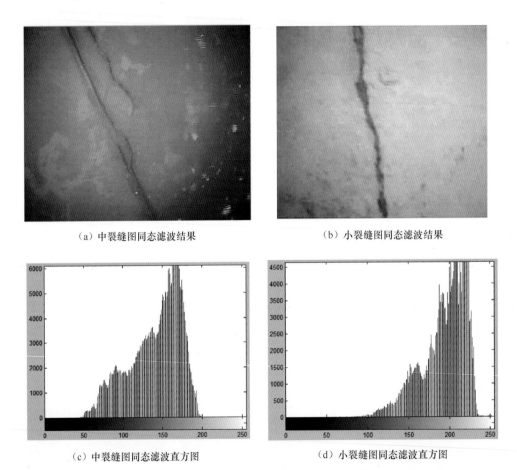

（a）中裂缝图同态滤波结果　　　　　　　　　　（b）小裂缝图同态滤波结果

（c）中裂缝图同态滤波直方图　　　　　　　　　　（d）小裂缝图同态滤波直方图

图 3.10　中裂缝图、小裂缝图的同态滤波增强结果

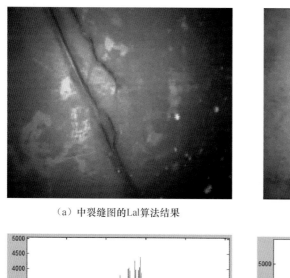

<table>
<tr><td>（a）中裂缝图的Lal算法结果</td><td>（b）小裂缝图的Lal算法结果</td></tr>
</table>

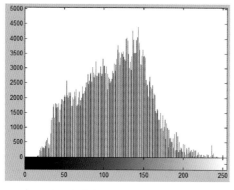 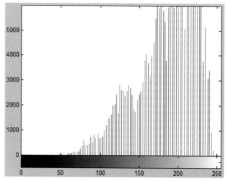

（c）中裂缝图的Lal算法直方图　　　（d）小裂缝图的Lal算法直方图

图 3.11　中裂缝图、小裂缝图的 Lal 算法增强结果

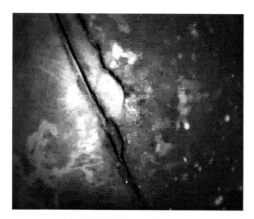 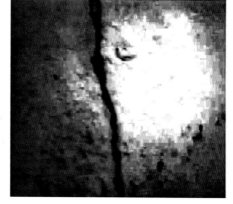

（a）中裂缝图的Meng算法结果　　　（b）小裂缝图的Meng算法结果

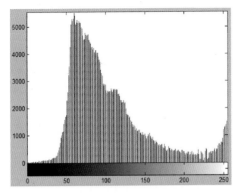

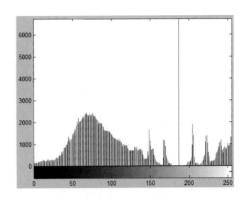

（c）中裂缝图的Meng算法直方图 　　　　　　（d）小裂缝图的Meng算法直方图

图 3.12　中裂缝图、小裂缝图的 Meng 算法增强结果

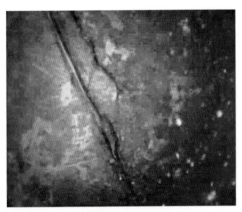

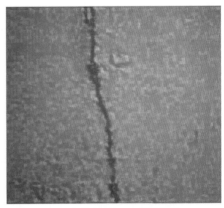

（a）中裂缝图的Tarel算法结果 　　　　　　（b）小裂缝图的Tarel算法结果

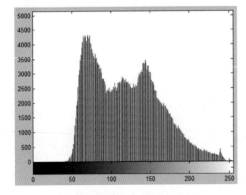

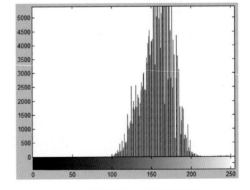

（c）中裂缝图的Tarel算法直方图 　　　　　　（d）小裂缝图的Tarel算法直方图

图 3.13　中裂缝图、小裂缝图的 Tarel 算法增强结果

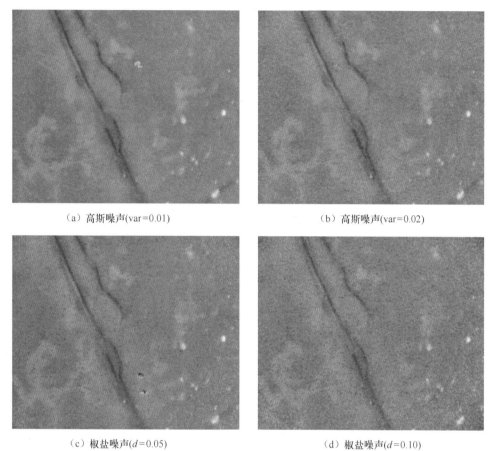

（a）高斯噪声(var=0.01)   （b）高斯噪声(var=0.02)

（c）椒盐噪声(d=0.05)   （d）椒盐噪声(d=0.10)

图 3.14　中裂缝图添加噪声信号的匀光修复图像

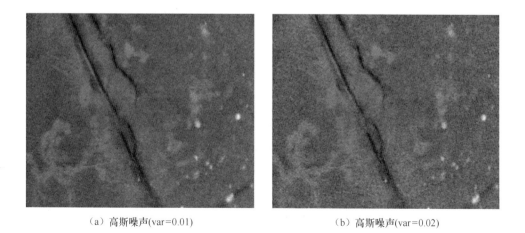

（a）高斯噪声(var=0.01)   （b）高斯噪声(var=0.02)

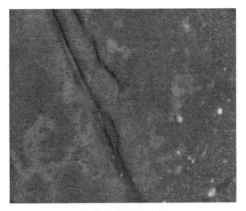

（c）椒盐噪声(d=0.05)　　　　　　　　　　　（d）椒盐噪声(d=0.10)

图 3.15　中裂缝图添加噪声信号的暗通道先验引导滤波输出图像

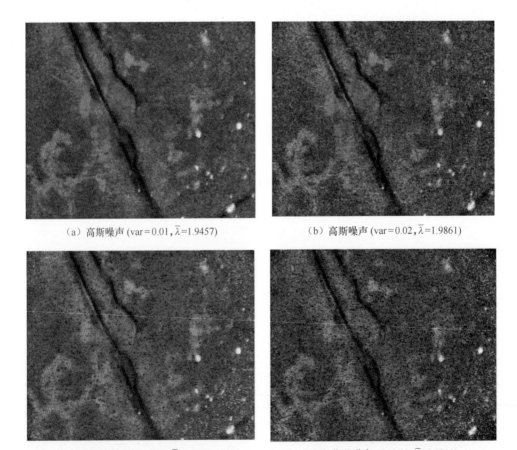

（a）高斯噪声 (var=0.01, $\bar{\lambda}$=1.9457)　　　　　　　（b）高斯噪声 (var=0.02, $\bar{\lambda}$=1.9861)

（c）椒盐噪声 (d=0.05, $\bar{\lambda}$=1.9510)　　　　　　　（d）椒盐噪声 (d=0.10, $\bar{\lambda}$=2.0211)

图 3.16　中裂缝图添加噪声信号的广义有界对数运算图像

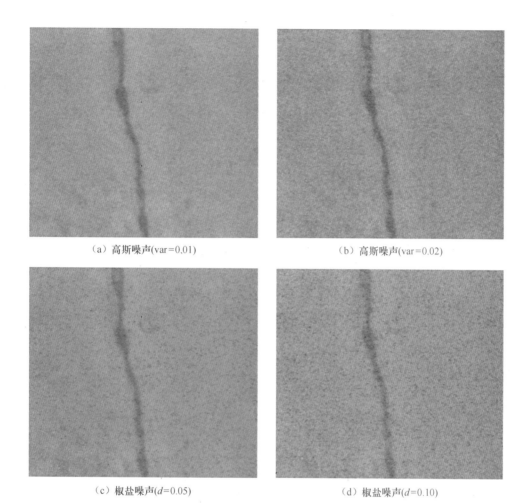

（a）高斯噪声(var＝0.01)　　　　　　　　（b）高斯噪声(var＝0.02)

（c）椒盐噪声(d＝0.05)　　　　　　　　（d）椒盐噪声(d＝0.10)

图 3.17　小裂缝图添加噪声信号的匀光修复图像

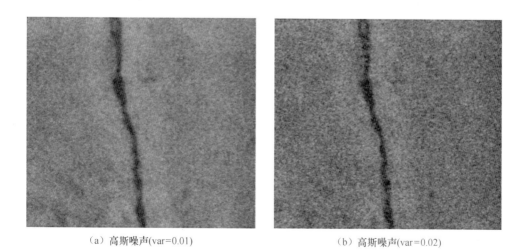

（a）高斯噪声(var＝0.01)　　　　　　　　（b）高斯噪声(var＝0.02)

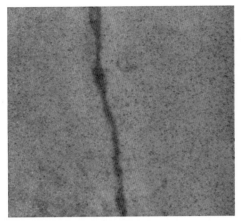

（c）椒盐噪声(d=0.05)　　　　　　　　（d）椒盐噪声(d=0.10)

图 3.18　小裂缝图添加噪声信号的暗通道先验引导滤波输出图像

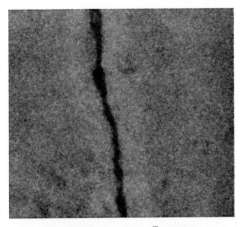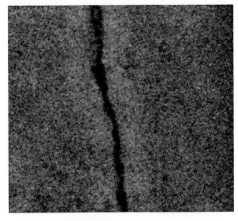

（a）高斯噪声(var=0.01，$\bar{\lambda}$=2.0598)　　　　　（b）高斯噪声(var=0.01，$\bar{\lambda}$=2.0877)

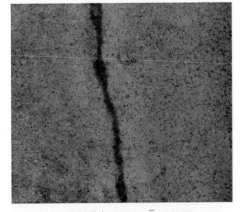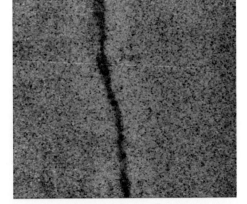

（c）椒盐噪声(d=0.05，$\bar{\lambda}$=2.0271)　　　　（d）椒盐噪声(d=0.10，$\bar{\lambda}$=1.9943)

图 3.19　小裂缝图添加噪声信号的广义有界对数运算图像

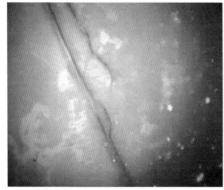

（a）中裂缝图像

（b）中裂缝图对应的直方图

图 3.20 多种特性中裂缝图像及其对应的直方图

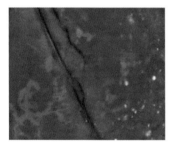

（a）特征A图像恢复

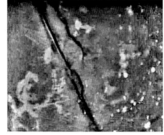

（b）特征B、特征C图像恢复1

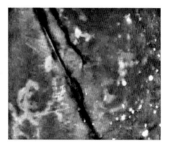

（c）特征B、特征C图像恢复2

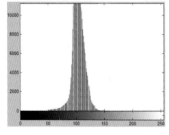

（d）特征A图像恢复直方图

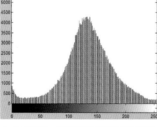

（e）特征B、特征C图像恢复1直方图

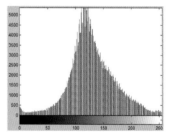

（f）特征B、特征C图像恢复2直方图

图 3.21 中裂缝图特性图像恢复图像及其对应的直方图

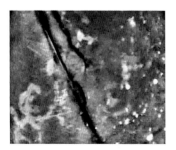

（a）$\bar{\lambda}=1.0731$

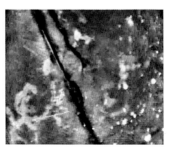

（b）$\bar{\lambda}=1.2530$

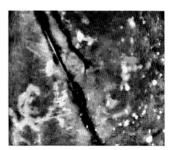

（c）$\bar{\lambda}=1.5054$

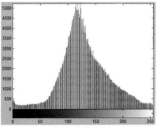

(d) $\bar{\lambda}$=1.0731直方图

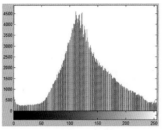

(e) $\bar{\lambda}$=1.2530直方图

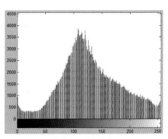

(f) $\bar{\lambda}$=1.5054直方图

图 3.22   中裂缝图像自适应增益增强图像及其对应的直方图

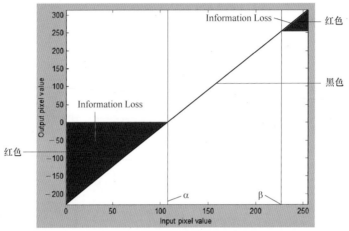

黑色——基于透射率的输入输出像素值映射图；
红色——由于输出像素点的截断而导致的信息损失。

图 4.2   一个介质透射率函数实例

（a）边坡图

（b）diver图像

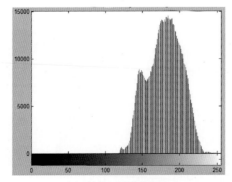

（c）边坡图对应的直方图

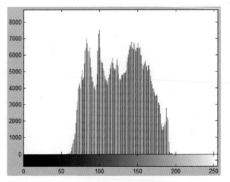

（d）diver图对应的直方图

图 4.3   两幅水下图像(边坡、diver)及其对应的直方图

（a）1/4树形分块图　　　　　（b）32×32像素分块图　　　　　（c）分块透射率估计图

（d）去噪恢复图像(块状效应)　（e）导引滤波透射率估计图　　　（f）去噪恢复图像

图 4.4　边坡图基于光学成像模型的去噪图像

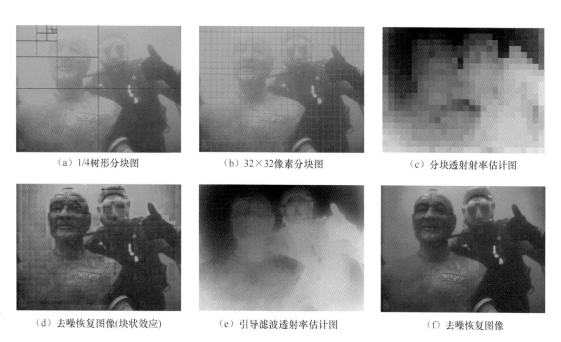

（a）1/4树形分块图　　　　　（b）32×32像素分块图　　　　　（c）分块透射射率估计图

（d）去噪恢复图像(块状效应)　（e）引导滤波透射率估计图　　　（f）去噪恢复图像

图 4.5　diver 图基于光学成像模型的去噪图像

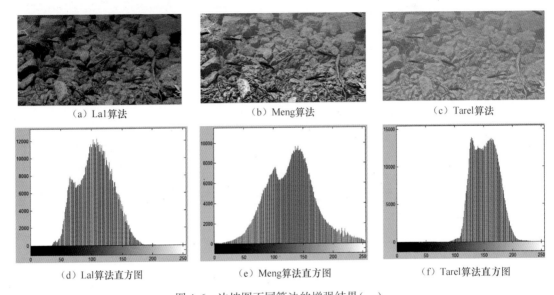

（a）La1算法　　　　　　　　（b）Meng算法　　　　　　　　（c）Tarel算法

（d）La1算法直方图　　　　　（e）Meng算法直方图　　　　　（f）Tarel算法直方图

图 4.6　边坡图不同算法的增强结果（一）

（a）$\overline{\lambda}$=1.0725　　　　　　（b）$\overline{\lambda}$=1.3663　　　　　　（c）$\overline{\lambda}$=1.8818

（d）$\overline{\lambda}$=1.0725对应的直方图　（e）$\overline{\lambda}$=1.3663对应的直方图　（f）$\overline{\lambda}$=1.8818对应的直方图

图 4.7　本章算法对边坡图在 RGB 空间的增强结果

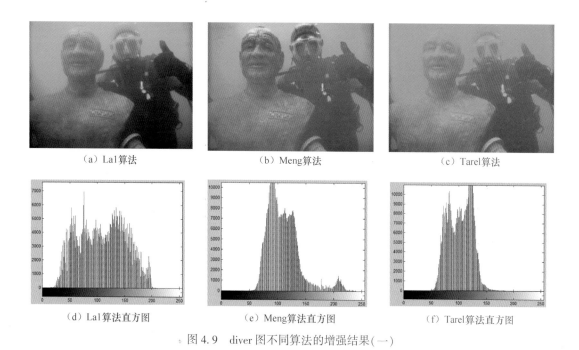

（a）La1算法　　　　　　　　（b）Meng算法　　　　　　　　（c）Tarel算法

（d）La1算法直方图　　　　　（e）Meng算法直方图　　　　　（f）Tarel算法直方图

图 4.9　diver 图不同算法的增强结果(一)

（a）$\overline{\lambda}$=1.6816　　　　　　　（b）$\overline{\lambda}$=1.8504　　　　　　　（c）$\overline{\lambda}$=2.0569

（d）$\overline{\lambda}$=1.6816对应的直方图　　（e）$\overline{\lambda}$=1.8504对应的直方图　　（f）$\overline{\lambda}$=2.0569对应的直方图

图 4.10　本章算法对 diver 图在 RGB 空间的增强结果

(a) $\bar{\lambda}=1.1211$　　　　　　(b) $\bar{\lambda}=1.4061$　　　　　　(c) $\bar{\lambda}=1.7508$

(d) $\bar{\lambda}=1.1211$对应的直方图　　(e) $\bar{\lambda}=1.4061$对应的直方图　　(f) $\bar{\lambda}=1.7508$对应的直方图

图 4.12　本章算法对边坡图在 HSI 空间的增强结果

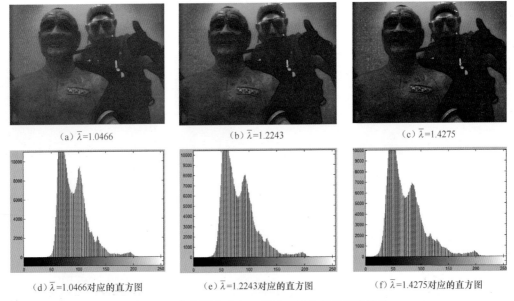

(a) $\bar{\lambda}=1.0466$　　　　　　(b) $\bar{\lambda}=1.2243$　　　　　　(c) $\bar{\lambda}=1.4275$

(d) $\bar{\lambda}=1.0466$对应的直方图　　(e) $\bar{\lambda}=1.2243$对应的直方图　　(f) $\bar{\lambda}=1.4275$对应的直方图

图 4.14　本章算法对 diver 图在 HSI 空间的增强结果

（a）边坡图

（b）diver图

（c）边坡图对应的直方图

（d）diver图对应的直方图

图 5.1　两幅水下图像（边坡、diver）及其对应的直方图

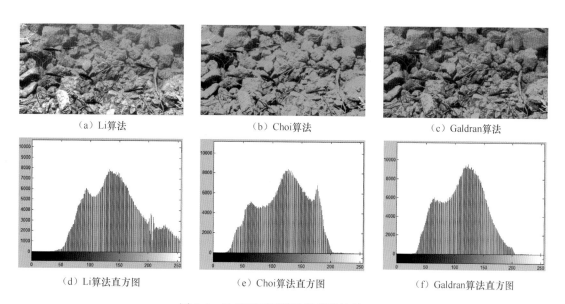

（a）Li算法

（b）Choi算法

（c）Galdran算法

（d）Li算法直方图

（e）Choi算法直方图

（f）Galdran算法直方图

图 5.2　边坡图不同算法的增强结果(二)

149

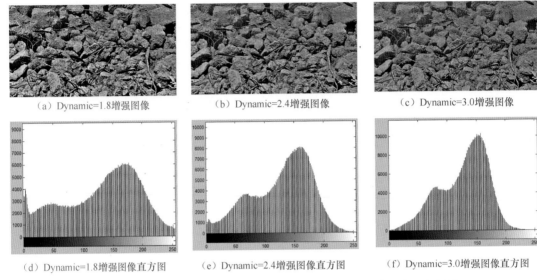

（a）Dynamic=1.8增强图像　　　　（b）Dynamic=2.4增强图像　　　　（c）Dynamic=3.0增强图像

（d）Dynamic=1.8增强图像直方图　（e）Dynamic=2.4增强图像直方图　（f）Dynamic=3.0增强图像直方图

图 5.3　边坡图不同 Dynamic 参数的 MSRCR 增强图像及其对应的直方图

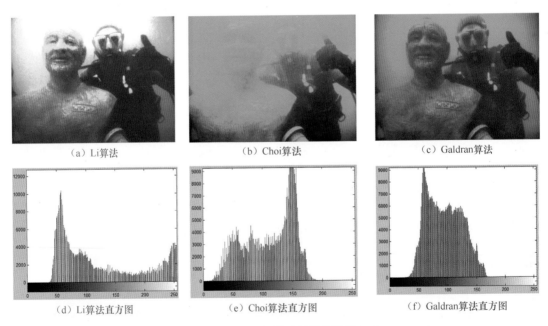

（a）Li算法　　　　　　　　　　（b）Choi算法　　　　　　　　　（c）Galdran算法

（d）Li算法直方图　　　　　　　（e）Choi算法直方图　　　　　　（f）Galdran算法直方图

图 5.5　diver 图不同算法的增强结果(二)

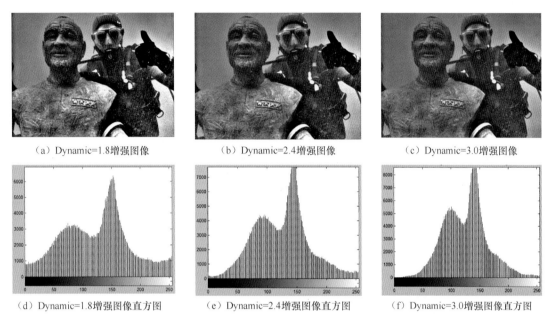

（a）Dynamic=1.8增强图像　　　　　（b）Dynamic=2.4增强图像　　　　　（c）Dynamic=3.0增强图像

（d）Dynamic=1.8增强图像直方图　　（e）Dynamic=2.4增强图像直方图　　（f）Dynamic=3.0增强图像直方图

图 5.6　diver 图取不同 Dynamic 的 MSCRCR 增强图像及其对应的直方图

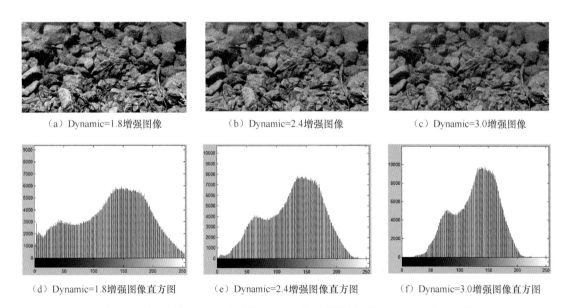

（a）Dynamic=1.8增强图像　　　　　（b）Dynamic=2.4增强图像　　　　　（c）Dynamic=3.0增强图像

（d）Dynamic=1.8增强图像直方图　　（e）Dynamic=2.4增强图像直方图　　（f）Dynamic=3.0增强图像直方图

图 5.8　边坡图的 MSRCR 不同 Dynamic 的引导滤波图像及其对应的直方图

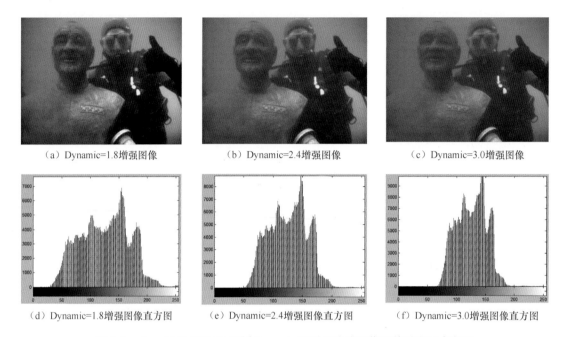

（a）Dynamic=1.8增强图像　　　（b）Dynamic=2.4增强图像　　　（c）Dynamic=3.0增强图像

（d）Dynamic=1.8增强图像直方图　（e）Dynamic=2.4增强图像直方图　（f）Dynamic=3.0增强图像直方图

图 5.9　diver 图的 MSRCR 不同 Dynamic 的引导滤波图像及其对应的直方图

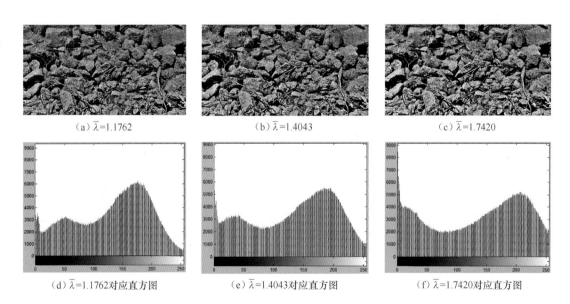

（a）$\bar{\lambda}=1.1762$　　　　　（b）$\bar{\lambda}=1.4043$　　　　　（c）$\bar{\lambda}=1.7420$

（d）$\bar{\lambda}=1.1762$对应直方图　（e）$\bar{\lambda}=1.4043$对应直方图　（f）$\bar{\lambda}=1.7420$对应直方图

图 5.10　边坡图不同自适应增益均值的增强图像及其对应的直方图

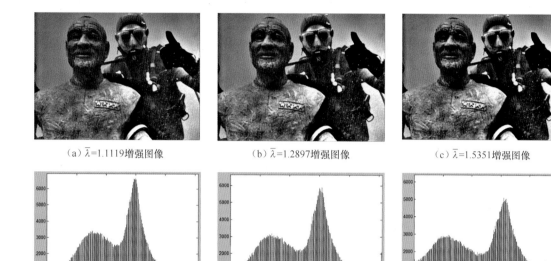

（a）$\bar{\lambda}$=1.1119增强图像　　　　　（b）$\bar{\lambda}$=1.2897增强图像　　　　　（c）$\bar{\lambda}$=1.5351增强图像

（d）$\bar{\lambda}$=1.1119对应的直方图　　　（e）$\bar{\lambda}$=1.2897对应的直方图　　　（f）$\bar{\lambda}$=1.5351对应的直方图

图 5.12　diver 图不同自适应增益均值增强图像及其对应的直方图

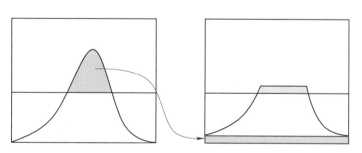

图 6.1　CLAHE 算法剪切限幅原理图

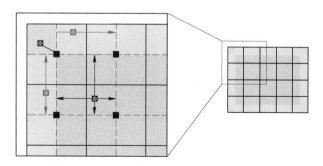

图 6.2　CLAHE 算法双线性插值运算原理图

（a）边坡图 （b）brick wall图

（c）边坡图对应的直方图 （d）brick wall图对应的直方图

图 6.4 两幅水下图像(边坡、brick wall)及其对应的直方图

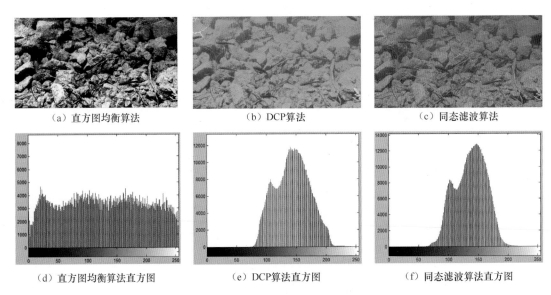

（a）直方图均衡算法 （b）DCP算法 （c）同态滤波算法

（d）直方图均衡算法直方图 （e）DCP算法直方图 （f）同态滤波算法直方图

图 6.5 边坡图不同算法的增强结果(三)

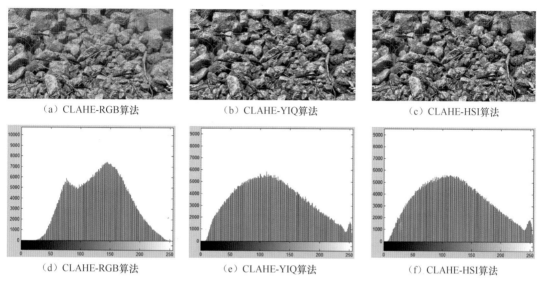

（a）CLAHE-RGB算法　　　　　　　（b）CLAHE-YIQ算法　　　　　　　（c）CLAHE-HSI算法

（d）CLAHE-RGB算法　　　　　　　（e）CLAHE-YIQ算法　　　　　　　（f）CLAHE-HSI算法

图 6.6　边坡图不同颜色空间 CLAHE 算法的增强图像及其对应的直方图

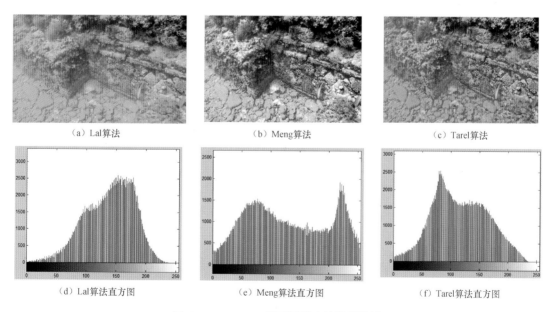

（a）Lal算法　　　　　　　　　　（b）Meng算法　　　　　　　　　　（c）Tarel算法

（d）Lal算法直方图　　　　　　　（e）Meng算法直方图　　　　　　　（f）Tarel算法直方图

图 6.7　brick wall 图不同算法的增强结果

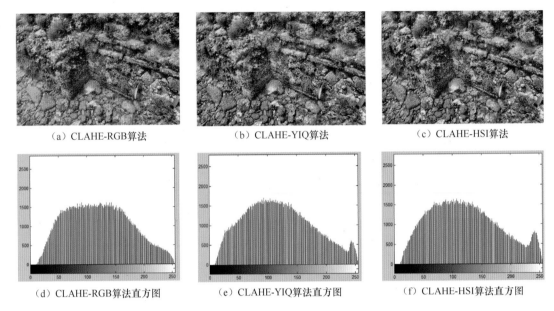

（a）CLAHE-RGB算法　　　　　（b）CLAHE-YIQ算法　　　　　（c）CLAHE-HSI算法

（d）CLAHE-RGB算法直方图　　（e）CLAHE-YIQ算法直方图　　（f）CLAHE-HSI算法直方图

图 6.8　brick wall 图不同颜色空间 CLAHE 算法的增强图像及其对应的直方图

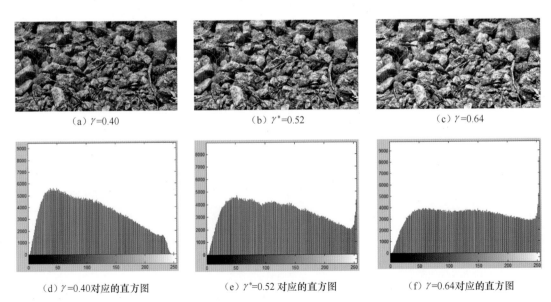

（a）$\gamma=0.40$　　　　　　　（b）$\gamma^*=0.52$　　　　　　　（c）$\gamma=0.64$

（d）$\gamma=0.40$对应的直方图　（e）$\gamma^*=0.52$ 对应的直方图　（f）$\gamma=0.64$对应的直方图

图 6.9　边坡图不同融合系数的增强图像及其对应的直方图

156

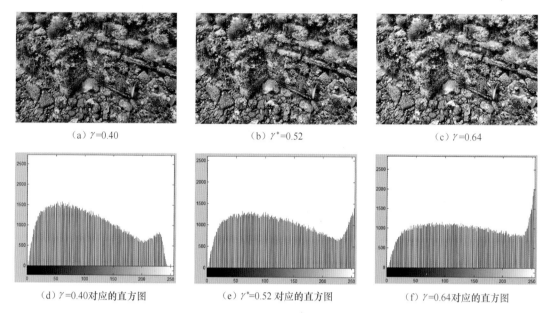

（a）γ=0.40　　　　　　　　　（b）γ*=0.52　　　　　　　　　（c）γ=0.64

（d）γ=0.40对应的直方图　　　（e）γ*=0.52 对应的直方图　　　（f）γ=0.64 对应的直方图

图 6.11　brick wall 图不同融合系数的增强图像及其对应的直方图

（a）(BS=8×8, CL=0.009)　　　（b）(BS=8×8, CL=0.012)　　　（c）(BS=8×8, CL=0.015)

（d）(CL=0.012, BS=6×6)　　　（e）(CL=0.012, BS=12×12)　　　（f）(CL=0.012, BS=24×24)

图 6.13　边坡图广义对数运算图像增强结果

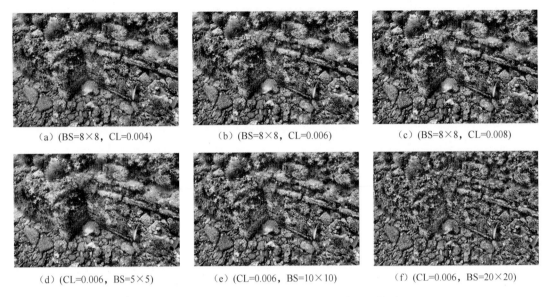

(a) (BS=8×8, CL=0.004)　　　　(b) (BS=8×8, CL=0.006)　　　　(c) (BS=8×8, CL=0.008)

(d) (CL=0.006, BS=5×5)　　　　(e) (CL=0.006, BS=10×10)　　　　(f) (CL=0.006, BS=20×20)

图 6.15　brick wall 图广义对数运算图像增强结果

（a）椒盐噪声d=0.10　　　　（b）椒盐噪声d=0.20　　　　（c）椒盐噪声d=0.30

（d）高斯噪声var=0.01　　　　（e）高斯噪声var=0.02　　　　（f）高斯噪声var=0.05

图 6.17　边坡图添加椒盐噪声和高斯噪声后的增强结果

（a）椒盐噪声d=0.10 （b）椒盐噪声d=0.20 （c）椒盐噪声d=0.30

（d）高斯噪声var=0.05 （e）高斯噪声var=0.10 （f）高斯噪声var=0.20

图 6.18 brick wall 图添加椒盐噪声和高斯噪声后的增强结果

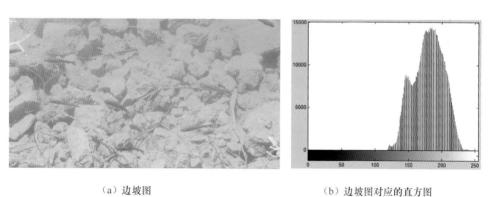

（a）边坡图 （b）边坡图对应的直方图

图 6.19 多种特性边坡图像及其对应的直方图

（a）N=5层光圈图 （b）N=11层光圈图 （c）N=23层光圈图

（d）N=5层光圈修正图 （e）N=11层光圈修正图 （f）N=23层光圈修正图

图 6.20 边坡图像不同分层光圈图、匀光修正图

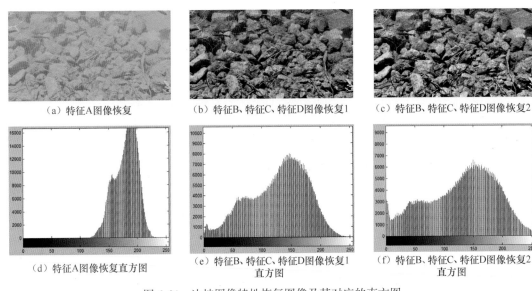

（a）特征A图像恢复　　　（b）特征B、特征C、特征D图像恢复1　　　（c）特征B、特征C、特征D图像恢复2

（d）特征A图像恢复直方图　　（e）特征B、特征C、特征D图像恢复1　　（f）特征B、特征C、特征D图像恢复2
　　　　　　　　　　　　　　　　　　　　　直方图　　　　　　　　　　　　　　　　直方图

图 6.21　边坡图像特性恢复图像及其对应的直方图

（a）$\overline{\lambda}=1.0916$　　　　　（b）$\overline{\lambda}=1.2871$　　　　　（c）$\overline{\lambda}=1.5678$

（d）$\overline{\lambda}=1.0916$直方图　　（e）$\overline{\lambda}=1.2871$直方图　　（f）$\overline{\lambda}=1.5678$直方图

图 6.22　边坡图像自适应增益增强图像及其对应的直方图

参 考 文 献

[1] 中华人民共和国水利部. 2017 年全国水利发展统计公报[M]. 北京:中国水利水电出版社, 2018.

[2] 张毓晋. 图像工程(上册):图像处理[M].3 版. 北京:清华大学出版社,2012.

[3] 林明星,代成刚,董雪,等. 水下图像处理技术研究综述. 测控技术[J],2020,39(8):7-20.

[4] ODERMATT D, GITELSON A, BRANDO V E, et al. Review of constituent retrieval in optically deep and complex waters from satellite imagery[J]. Remote Sensing of Environment, 2012, 118(4):116-126.

[5] LU H, LI Y, XU X, et al. Underwater image enhancement method using weighted guided trigonometric filtering and artificial light correction[J]. Journal of Visual Communication & Image Representation, 2016, 38:504-516.

[6] LI Z, ZHENG J. Edge-preserving decomposition based single image haze removal[J]. IEEE Transactions on Image Processing, 2015, 24(12):5432-5441.

[7] HAN J, YANG K, XIA M, et al. Resolution enhancement in active underwater polarization imaging with modulation transfer function analysis[J]. Applied Optics, 2015, 54(11):3294-3302.

[8] ZHAO X W, JIN T, QU S. Deriving inherent optical properties from background color and underwater image enhancement[J]. Ocean Engineering, 2015, 94:163-172.

[9] GAUDRON J O, SURRE F, SUN T, et al. Long Period Grating-based optical fibre sensor for the underwater detection of acoustic waves[J]. Sensors and Actuators A: Physical, 2013, 201: 289-293.

[10] LING J TAN X,YARDIBI T. On bayesian channel estimation and FFT-Based symbol detection in MIMO underwater acoustic communications[J]. IEEE Journal of Oceanic Engineering, 2014, 39(1):59-73.

[11] YAN Z, MA J, TIAN J, et al. A gravity gradient differential ratio method for underwater object detection [J]. IEEE Geoscience and Remote Sensing Letters, 2014, 11(4):833-837.

[12] CHEN C L P, LI H, WEI Y, et al. A local contrast method for small infrared target detection[J]. IEEE Transactions on Geoscience & Remote Sensing, 2013, 52(1):574-581.

[13] BAILEY G N, FLEMMING N C. Archaeology of the continental shelf: Marine resources, submerged landscapes and underwater archaeology[J]. Quaternary Science Reviews, 2008, 27(23): 2153-2165.

[14] ALIPPI C, CAMPLANI R, GALPERTI C, et al. A robust, adaptive, solar-powered WSN framework for aquatic environmental monitoring[J]. IEEE Sensors Journal, 2011, 11(1):45-55.

[15] BOVIO E, CECCHI D, BARALLI F. Autonomous underwater vehicles for scientific and naval operations [J]. Annual Reviews in Control, 2006, 30(2):117-130.

[16] PENG Y T, COSMAN P C. Underwater image restoration based on image blurriness and light absorption [J]. IEEE Transactions on Image Processing, 2017, 26(4):1579-1594.

[17] JAFFE J S. Computer modeling and the design of optimal underwater imaging systems[J]. IEEE Journal of Oceanic Engineering, 1990, 15(2):101-111.

[18] HOU W, GRAY D J, WEIDEMANN A D, et al. Automated underwater image restoration and retrieval of related optical properties[C]//2007 IEEE International Geoscience and Remote Sensing Symposium. New York: IEEE, 2008:1889-1892.

[19] ANCUTI C O, ANCUTI C, HABER T, et al. Fusion-based restoration of the underwater images[C]// 2011 18th IEEE International Conference on Image Processing. New York: IEEE, 2011:1557-1560.

[20] OAKLEY J P, SATHERLEY B L. Improving image quality in poor visibility conditions using a physical model for contrast degradation[J]. IEEE Transactions on Image Processing, 1998, 7(2): 167-179.

［21］郭继昌,李重仪,郭春乐,等. 水下图像增强和复原方法研究进展［J］. 中国图象图形学报, 2017, 22(3):273-287.

［22］MIN H, LI YU Z, QIU T, et al. A review on intelligence dehazing and color restoration for underwater images［J］. IEEE Transactions on Systems Man & Cybernetics Systems, 2018,50(5):1820-1832.

［23］JAFFE J S. Enhanced extended range underwater imaging via structured illumination［J］. Optics Express, 2010, 18(12):12328-12340.

［24］LEVOY M, CHEN B, VAISH V, et al. Synthetic aperture confocal imaging［J］. Acm Transactions on Graphics, 2004, 23(3):825-834.

［25］NARASIMHAN S G , NAYAR S K , SUN B , et al. Structured Light in Scattering Media［J］. IEEE Computer Society, 2005:420-427.

［26］BOOM B J, HE J, PALAZZO S, et al. A research tool for long-term and continuous analysis of fish assemblage in coral-reefs using underwater camera footage［J］. Ecological Informatics, 2014, 23: 83-97.

［27］FUKUBA T, MIWA T, WATANABE S, et al. A new drifting underwater camera system for observing spawning Japanese eels in the epipelagic zone along the West Mariana Ridge［J］. Fisheries Science, 2015, 81(2):235-246.

［28］WANG X, LI Y, ZHOU Y. Triangular-range-intensity profile spatial-correlation method for 3D super-resolution range-gated imaging［J］. Applied Optics, 2013, 52(30):7399-7406.

［29］DALGLEISH F, OUYANG B, Vuorenkoski A. A unified framework for image performance enhancement of extended range laser seabed survey sensors［C］//2013 IEEE International Underwater Technology Symposium. New York:IEEE, 2013.

［30］TREIBITZ T, SCHECHNER Y Y. Turbid scene enhancement using multi-directional illumination fusion ［J］. IEEE Transactions on Image Processing, 2012, 21(11):4662-4667.

［31］ROSER M, DUNBABIN M, GEIGER A. Simultaneous underwater visibility assessment, enhancement and improved stereo［C］//2014 IEEE International Conference on Robotics & Automation. New York: IEEE, 2014: 3840-3847.

［32］MCGLAMERY B L. A computer model for underwater camera systems［J］. Proc SPIE, 1979, 208 (208): 221-231.

［33］KAWAHARA R, NOBUHARA S, MATSUYAMA T. A pixel-wise varifocal camera model for efficient forward projection and linear extrinsic calibration of underwater cameras with flat housings［C］//2014 IEEE International Conference on Computer Vision Workshops. New York:IEEE, 2014: 819-824.

［34］BRUNO F, BIANCO G, MUZZYPAPPA M, et al. Experimentation of structured light and stereo vision for underwater 3D reconstruction［J］. ISPRS Journal of Photogrammetry and Remote Sensing, 2011, 66 (4): 508-518.

［35］KATZ J, DONAGHAY P L, ZHANG J, et al. Submersible holocamera for detection of particle characteristics and motions in the ocean［J］. Deep-Sea Research Part I Oceanographic Research Papers, 1999, 46(8):1455-1481.

［36］FORESTI G L. Visual inspection of sea bottom structures by an autonomous underwater vehicle［J］. IEEE Transactions on Systems Man & Cybernetics Part B:Cybernetics A Publication of the IEEE Systems Man & Cybernetics Society, 2001, 31(5): 691-705.

［37］ORTIZ A, MIQUEL S, OLIVER G. A vision system for an underwater cable tracker［J］. Machine Vision and Applications, 2002(13): 129-140.

［38］SCHETTINI R, CORCHS S. Underwater image processing: State of the art of restoration and image enhancement method[J]. Eurasip Journal on Advances in Signal Processing, 2010, 2010(1):746052.

[39] YANG M, SOWMYA A. New image quality evaluation metric for underwater video[J]. IEEE Signal Processing Letters, 2014, 21(10):1215-1219.

[40] LI Y, LU H, LI J, et al. Underwater image de-scattering and classification by deep neural network[J]. Computers & Electrical Engineering, 2016, 54:68-77.

[41] JUNG S W. Enhancement of image and depth map using adaptive joint trilateral filter[J]. IEEE Transactions on Circuits and Systems for Video Technology, 2013, 23(2): 258-269.

[42] WANG S H, ZHENG J, HU H M, et al. Naturalness preserved enhancement algorithm for non-uniform illumination images [J]. IEEE Transaction on Image Processing, 2013, 22(9): 3538-3548.

[43] GU K, ZHAI G T, YANG X K, et al. Automatic contrast enhancement technology with saliency preservation[J]. IEEE Transaction on Circuits and Systems for Video Technology, 2015, 25 (9): 1480-1494.

[44] HUMMEL R. Image enhancement by histogram transformation [J]. Computer Graphics and Image Processing, 1977, 6(2): 184-195.

[45] PIZER S M, AMBURN E P, AUSTIN J D, et al. Adaptive histogram equalization and its variations[J]. Computer Vision Graphics & Image Processing, 1987, 39(3):355-368.

[46] ZUIDERVELD K. Contrast limited adaptive histogram equalization[M]//HECKBERT P S. Graphics Gems IV. San Diego:Academic Press Professional, Inc. , 1994: 474-485.

[47] MA J, FAN X, SIMON X, et al. Contrast limited adaptive histogram equalization-based fusion in YIQ and HSI color spaces for underwater image enhancement[J]. International Journal of Pattern Recognition and Artificial Intelligence. 2018, 32(7): 1854018.

[48] EBNER M. Color constancy[M]. New York: John Wiley & Sons, 2007.

[49] LIU Y C, CHAN W H, CHEN Y Q. Automatic white balance for digital still camera[J]. IEEE transaction on Consumer Electronics, 1995, 41(3): 460-466.

[50] VAN DE WEIJER J, GEVERS T, GIJSENIJ A. Edge-based color constancy[J]. IEEE Transaction s on Image Processing, 2007, 16(9): 2207-2214.

[51] CELEBI A T, ERTURK S. Visual enhancement of underwater images using Empirical Mode Decomposition and wavelet denoising[J]. Expert Systems with Applications, 2012, 39(1):800-805.

[52] LI Q Z, WANG W J. Low-bit-rate coding of underwater color image using improved wavelet difference reduction[J]. Journal of Visual Communication & Image Representation, 2010, 21(7):762-769.

[53] PRABHAKAR C J, KUMAR P U P. Underwater image denoising using adaptive wavelet subband thresholding[C]//2010 IEEE International Conference on Signal & Image Processing. New York:[C]// 2014 IEEE,2010.

[54] LI B, MENG Q. An improved SPIHT wavelet transform in the underwater acoustic image compression. International Conference on Measurement,Information and Control. New York:IEEE,2014.

[55] JULIA A, SUNDGREN D. Bottom reflectance influence on a color correction algorithm for underwater images[J]. Applied Artificial Intelligence, 2003, 24(7):711-721.

[56] JULIA. A, SUNDGREN D, BENGTSSON E . Application of underwater hyperspectral data for color correction purposes[J]. Pattern Recognition and Image Analysis, 2007, 17(1):170-173.

[57] TORRES-MENDEZ L A, DUDEK G. Color correction of underwater images for aquatic robot inspection [C]//Processings of the 5th International Conference on Energy Minimization Methods in Computer Vision and Pattern Recognition. Berlin Heidelberg: Springer, 2005: 60-73.

[58] HENKE B, VAHL M, ZHOU Z L. Removing color cast of underwater images through non-constant color

constancy hypothesis [C]//The 8th International Symposium on Image and Signal Processing and Analysis. New York：IEEE, 2013：20-24.

[59] KAN L Y, YU J, YANG Y, et al. Color correction of underwater images using spectral data[C]// Processings of the SPIE9273, Optoelectronic Imaging and Multimedia Technology Ⅲ. Washington D C：SPIE, 2014.

[60] IQBAL K, SALAM R A, OSMAN A, et al. Underwater image enhancement using an integrated colour model[J]. IAENG International Journal of Computer Science, 2007,34(2)：239-244.

[61] IQBAL K, ODETAYO M, JAMES A, et al. Enhancing the low quality images using unsupervised colour correction method [C]//Processings of 2010 IEEE International Conference on Systems Man and Cybernetics. New York：IEEE, 2010：1703-1709.

[62] TRUCCO E, OLMOS-ANTILLON T. Self-tuning underwater image restoration[J]. IEEE Journal of Oceanic Engineering, 2006,31(2)：511-519.

[63] MCGLAMERY B L. A computer model for underwater camera systems[C]//Processings of the SPIE 0208, Ocean Optics Ⅵ. Washington D C：SPIE, 1980：221.

[64] JAFFE J S. Computer modeling and the design of optimal underwater imaging systems[J]. IEEE Journal of Oceanic Engineering, 1990,15(2)：101-111.

[65] HOU W L, GRAY D J, WEIDEMANN A D, et al. Automated underwater image restoration and retrieval of related optical properties [C]//2007 IEEE International Geoscience and Remote Sensing Symposium. New York：IEEE, 2007：1889-1892.

[66]张赫,徐玉如,万磊,等. 水下退化图像处理方法[J]. 天津大学学报,2010, 43(9)：827-833.

[67] CARLEVARIS-BIANCO N, MOHAN A, EUSTICS R M. Initial results in underwater signal image dehazing[C]//Processings of 2010 IEEE Conference on OCEANS. New York：IEEE,2010：1-8.

[68] CHIANG J Y, CHEN Y C. Underwater image enhancement by wavelength compensation and dehazing [J]. IEEE Transactions on Image Processing, 2012, 21(4)：1756-1769.

[69] WEN H C, TIAN Y H, HUANG T J, et al. Single underwater image enhancement with a new optical mode[C]//2013 IEEE International Symposium on Circuits and Systems. New York：IEEE, 2013：753-756.

[70] LU H M, LI Y L, SEIKAWA S. Underwater image enhancement using guided trigonometric bilateral filter and fast automatic color correction[C]//Processings of the 20th IEEE International Conference on Image Processing. New York：IEEE, 2013：3412-3416.

[71] SERIKAWA S, LU H M. Underwater image dehazing using joint trilateral filter[J]. Computers & Electrical Engineering, 2014, 40(1)：41-50.

[72] GALDRAN A, PARDO D, PICON A, et al. Automatic red-channel underwater image restoration [J]. Journal of Visual Communication and Image Representation, 2015,26：132-145.

[73] HE K, SUN J,TANG X. Single image haze removal using dark channel prior[C]//Proceeding of the 2009 IEEE Conference on Computer Vision and Pattern Recognition(CVPR' 09). Washington：IEEE Computer Society, 2009：1956-1963.

[74] ZHAO X W, JIN T, QU S. Deriving inherent optical properties from background color and underwater image enhancement[J]. Ocean Engineering, 2015, 94：163-172.

[75]马金祥,范新南,吴志祥,等. 暗通道先验的大坝水下裂缝图像增强算法[J]. 中国图象图形学报, 2016, 21(12)：1574-1584.

[76] LI C Y, GUO J C, WANG B, et al. Single underwater image enhancement based on color cat removal and visibility restoration[J]. Journal of Electronic Imaging, 2016, 25(3)：#033012.

[77] HAN M , LIU Y , XI J , et al. Noise smoothing for nonlinear time series using wavelet soft threshold [J]. IEEE Signal Processing Letters, 2007, 14(1):62-65.

[78] HAN M , LIU Y . Noise reduction method for chaotic signals based on dual-wavelet and spatial correlation[J]. Expert Systems with Applications, 2009, 36(6):10060-10067.

[79] PIZER S M, AMBURN E P, AUSTIN J D, et al. Adaptive histogram equalization and its variations[J]. Computer Vision Graphics and Image Processing, 1987, 39(3):355-368.

[80] KIM Y T. Contrast enhancement using brightness preserving bihistogram equalization [J]. IEEE Transactions on Consumer Electronics, 1997, 43(1): 1-8.

[81] REZA A M . Realization of the contrast limited adaptive histogram equalization (CLAHE) for real-time image enhancement [J]. Journal of VLSI Signal Processing Systems for Signal, Image and Video Technology, 2004, 38(1):35-44.

[82] DEMIREL H, ANBARJAFARI G. IMAGE resolution enhancement by using discrete and stationary wavelet decomposition[J]. IEEE Transactions on Image Processing, 2011, 20(5):1458-1460.

[83] DENG G. A generalized unsharp masking algorithm[J]. IEEE Transactions on Image Processing, 2011, 20(5):1249-1261.

[84] FU X, LIAO Y, ZENG D, et al. A probabilistic method for image enhancement with simultaneous illumination and reflectance estimation[J]. IEEE Transactions on Image Processing, 2015, 24(12): 4965-4977.

[85] FATTAL R. Single image dehazing[J]. ACM Transactions on Graphics, 2008,27(3):1-9.

[86] FATTAL R. Dehazing using color-lines[J]. ACM Transactions on Graphics, 2014, 34(1):13-25.

[87] TAN R T, Visibility in bad weather from a single image[C]//2008 IEEE CVPR New York:IEEE, 2008: 2347-2354.

[88] GAO R, WANG Y, LIU M,et al. Fast algorithm for dark channel prior[J]. Electronics Letters, 2014, 50(24):1826-1828.

[89] WANG J B, HE N, ZHANG L L, et al. Single image dehazing with a physical model and dark channel prior[J]. Neurocomputing, 2015, 149:718-728.

[90] ANCUTI C O, ANCUTI C. Single image dehazing by multi-scale fusion[J]. IEEE Transactions on Image Processing, 2013, 22(8): 3271-3282.

[91] LING Z, FAN G, WANG Y, et al. Learning deep transmission network for single image dehazing[C]// 2016 IEEE International Conference on Image Processing (ICIP). New York:IEEE, 2016: 2296-2300.

[92] CAI B, XU X, JIA K, et al. DehazeNet: An end-to-end system for single image haze removal[J]. IEEE Transactions on Image Processing, 2016: 5187-5198.

[93] CHIANG J Y, CHEN Y C. Underwater image enhancement by wavelength compensation and dehazing [J]. IEEE Transactions on Image Processing, 2012, 21(4):1756-1769.

[94] SERIKAWA S, LU H . Underwater image dehazing using joint trilateral filter[J]. Computers Electtrial Engineering,2014,40(1): 41-50.

[95] ANCUTI C, ANCUTI C O, HABER T,et al. Enhancing underwater images and videos by fusion[C]// 2012 IEEE Conference on Computer Vision and Pattern Recognition. New York:IEEE, 2012: 81-88.

[96] Carlevaris-Bianco N, Mohan A, Eustice R M. Initial Results in Underwater Single Image Dehazing [C]// OCEANS 2010. New York:IEEE, 2010:1-8.

[97] LU H, LI Y, ZHANG L, et al. Contrast enhancement for images in turbid water[J]. Journal of the Optical Society of America A, 2015, 32(5): 886-893.

[98] HAN M, ZHANG R, QIU T, et al. Multivariate chaotic time series prediction based on improved grey

relational analysis[J]. IEEE Transactions on Systems, Man, and Cybernetics: Systems, 2017:1-11.

[99] NARASIMHAN S G, NAYAR S K. Contrast restoration of weather degraded images[J]. IEEE Transactions on Pattern Analysis and Machine Intelligence, 2003, 25(6):713-724.

[100] SCHECHNER Y Y, AVERBUCH Y. Regularized image recovery in scattering media[J]. IEEE Transactions on Pattern Analysis & Machine Intelligence, 2007, 29(9):1655-1660.

[101] OUYANG B, DALGLEISH F, VUORENKOSKI A, et al. Visualization and image enhancement for multistatic underwater laser line scan system using image-based rendering[J]. IEEE Journal of Oceanic Engineering, 2013, 38(3):566-580.

[102] CHOI L K, YOU J, BOVIK A C. Referenceless prediction of perceptual fog density and perceptual image defogging[J]. IEEE Transactions on Image Processing, 2015, 24(11): 3888 -3901.

[103] GONZALEZ R C, WOODS R E, EDDINS S L. Digital Image Processing Using MATLAB[M]. 2nd edition. Stuttgart:Gatesmark Publishing,2009.

[104] 毕国玲,续志军,赵建,等. 基于照射-反射模型和有界运算的多谱段图像增强[J]. 物理学报, 2015, 64(10):74-82.

[105] 姚宏宇, 李弼程. 基于广义图像灰度共生矩阵的图像检索方法[J]. 计算机工程与应用, 2004, 40(34): 98-100.

[106] SUSSTRUNK S, WINKLER S. Color image quality on the internet[J]. In Proceedings of IS & T/SPIE Electronic Imaging: Internet Imaging V,2004,5304:118-131.

[107] MUKHERJEE J, MITRA S K. Enhancement of color images by scaling the DCT coefficients[J]. IEEE Transaction on Image Processing. 2008,17:1783-1794.

[108] HITAM M S, YUSSOF W J, AWALLUDIN E A, et al. Mixture contrast limited adaptive histogram equalization for underwater image enhancement[C]//2013 International Conference on Computer Applications Technology. New York:IEEE,2013, 1: 1-5.

[109] GONZALEZ R C, WOODS R E, MASTERS B R. Digital image processing[M].third edition. Upper Saddle River:Prentice Hall Press,2008.

[110] 李阳,常霞,纪峰.图像增强方法研究新进展[J]. 传感器与微系统. 2015, 34(12) :9-12,15.

[111] WANG L, YAN J.Method of infrared image enhancement based on histogram[J]. Opto- electronics Letters, 2011,7(3): 237-240.

[112] 梁琳,何卫平,雷蕾,等. 光照不均图像增强方法综述[J].计算机应用研究,2010,27(5): 1625-1628.

[113] THAKUR V, TRIPATHI N. On the way towards efficient enhancement of multi-channel underwater images[J]. International Journal of Applied Engineering Research. 2010, 5(5):895-903.

[114] PADMAVATHI G, SUBASHINI P,KUMAR MM, et al. Comparison of filters used for underwater image preprocessing[J]. International Journal of Computer Science and Network Security. 2010, 10(1): 58-65.

[115] CELIK T, TJAHJADI T. Automatic image equalization and contrast enhancment using Gaussian mixture modeling[J]. Image Processing, IEEE Transactions on Image Processing. 2012,21(1):145-156.

[116] 范新南,顾丽萍,巫鹏,等. 一种仿水下生物视觉的大坝裂缝图像增强算法[J]. 光电子·激光. 2014, 02: 372-377.

[117] 陈伟,范新南,李敏,等. 基于Gabor算子的人工蜂群算法大坝裂缝检测[J]. 微处理机,2015, 04: 32-38.

[118] 汪耕任,范新南,史朋飞,等. 基于粗糙集理论的水下大坝裂缝图像增强算法[J]. 计算机与现代化, 2015(09),35-41.

166

［119］石丹,李庆武,范新南,等．基于 Contourlet 变换和多尺度 Rentinex 的水下图像增强算法［J］．激光与光电子学进展．2010, 47 ;041001.

［120］KIM K, KIM S, KIM K S. Effective image enhancement techniques for fog-affected indoor and outdoor images［J］. IET Image Processing, 2018, 12(4);465-471.

［121］SINGH D, KUMAR V. Defogging of road images using gain coefficient based trilateral filter［J］. Journal of Electronic Imaging, 2018, 27(1).

［122］MA N, XU J, LI H. A fast video haze removal algorithm via dark channel prior［J］. Procedia Computer Science, 2018 ,131;213-219.

［123］SINGH D, KUMAR V. Single image haze removal using integrated dark and bright channel prior［J］. Modern Physics Letters B, 2018;1850051.

［124］PENG Y T, CAO K, COSMAN P C. Generalization of the dark channel prior for single image restoration［J］. IEEE Transactions on Image Processing, 2018;1-1.

［125］ZHANG L, WANG S, WANG X. Saliency-based dark channel prior model for single image haze removal［J］. IET Image Processing, 2018, 12(6);1049-1055.

［126］BUI T M, KIM W. Single image dehazing using color ellipsoid prior［J］. IEEE Transactions on Image Processing, 2018, 27(2): 999-1009.

［127］GUO L, LÜ Q B, Yang Y L. Single image dehazing algorithm based on adaptive dark channel prior［J］. Acta Photonica Sinica, 2018.

［128］LONG J, SHI Z, TANG W, et al. Single remote sensing image dehazing［J］. IEEE Geoscience & Remote Sensing Letters, 2013, 11(1);59-63.

［129］刘陶胜,李沛鸿,李辰风．结合像素频率分布特征的遥感图像自适应线性增强［J］．江西理工大学学报, 2014,35(5);40-44.

［130］范新南,史朋飞,巫鹏,等．基于阈值分割的非均匀光场水下目标探测图像增强方法:中国, ZL201410215926.2［P］.2014-05-21.

［131］NARASIMHAN S G, NAYAR S K. Vision and the atmosphere［J］. International Journal of Computer Vision, 2002,48(3);233-254.

［132］周雨薇,陈强,孙权森,等．结合暗通道原理和双边滤波的遥感图像增强［J］．中国图象图形学报, 2014, 19(2);313- 321.

［133］蒋建国,侯天峰,齐美彬．改进的基于暗原色先验的图像去雾算法［J］．电路与系统学报, 2011, 16(2);7-12.

［134］孙小明,孙俊喜,赵立荣,等．暗原色先验单幅图像去雾改进算法［J］．中国图象图形学报, 2014, 19(3);381- 385.

［135］HE K,SUN J,TANG X. Guided Image Filter［J］. IEEE Transactions on Pattern Analysis and Machine Intelligence , 2013,35(6): 1397-1409.

［136］LAL S, NARASIMHADHAN A V, KUMAR R. Automatic method for contrast enhancement of natural color images［J］. Journal Electric Engineer Technology,2015, 10(3): 1233-1243.

［137］MENG G, WANG Y, DUAN J,et al. Efficient Image Dehazing with Boundary Constraint and Contextual Regularization［C］//2014 IEEE International Conference on Computer Vision,New York;IEEE,2014: 617-624.

［138］TAREL J P, HAUTIRE N, CORD A, et al. Improved visibility of road scene images under heterogeneous fog［J］. IEEE Intelligent Vehicles Symposium, 2010,4;478-485.

［139］ADRIAN G, DAVID P, ARTZAI P, et al. Automatic red-channel underwater image restoration［J］. Journal Visual Communication Image Representation, 2015, 26; 132-145.

［140］ CHIANG J Y, CHEN Y, Underwater image enhancement by wavelength compensa- tion and dehazing ［J］.IEEE Transactions on Image Processing, 2012, 21(4): 1756-1769.

［141］ SERIKAWA S, LU H, Underwater image dehazing using joint trilateral filter［J］. Computers and Electrical Engineering, 2014, 40(1):41-50.

［142］ GHANI A S A, ISA N A M. Underwater image quality enhancement through composition of dual- intensity images and Rayleigh-stretching and averaging image planes［J］. International Journal Naval Architecture Ocean Engineering, 2014,6(4):840-866.

［143］ BANERJEE J, RAY R, VADALI S K, et al. Real-time underwater image enhancement: An improved approach for imaging with AUV-150［J］. Sadhana, 2016, 41(2): 1-14.

［144］ IQBAL K, ODETAYO M, JAMES A,et al. Enhancing The low quality images using unsupervised colour correction method［C］//2010 IEEE International Conference on System Man & Cybernetics.New York: IEEE, 2010, 25(1): 1703-1709.

［145］ SANKPAL S S,DESHPANDE S S. Nonuniform Illumination correction algorithm for underwater images using maximum likelihood estimation method［J］. Journal of Engineering, 2016, 3: 1-9.

［146］ ZHOU Y, LI Q, HUO G. Human visual system based automatic underwater image enhancement in NSCT domain［J］.KSII Transactions on Internet and Information Systems, 2016,10: 837-936.

［147］ ÇELEBI A T, ERTURK S. Visual enhancement of underwater images using empirical mode decomposition［J］. Expert Systems with Applications, 2012, 39 (1): 800-805.

［148］ SHENG M, PANG Y, WAN L, et al. underwater images enhancement using multi-wavelet transform and median filter［J］.Telkomnika Indonesian Journal of Electrical Engineering, 2014, 12 (3): 2306-2313.

［149］ LI C, GUO J, CONG R, et al. Underwater image enhancement by dehazing with minimum information loss and histogram distribution prior［J］.IEEE Transaction on Image Processing, 2016, 25 (12): 5664-5677.

［150］ KIM J, JANG W, SIM J, et al. Optimized contrast enhancement for real- time image and video dehazing［J］.Journal visual communication image representation, 2013,24 (3): 410- 425.

［151］ TAREL J, HAUTIERE A, CORD A,et al.Improved visibility of road scene images under heterogeneous fog［J］. IEEE Intelligent Vehicles Symposium, 2010, 4: 478-485.

［152］ PELI E. Contrast in complex images［J］. Journal of the Optical Society of America A-optics Image Science & Vision, 1990, 7(10):2032-2040.

［153］ GONZALEZ R C, WOODS R E. Digital Image Processing［M］. 3rd edtion. Englewoods: Prentice Hall, 2010.

［154］ TOMASI C, MANDUCHI R. Bilateral filtering for gray and color image［C］//The 6th IEEE ICCV. Bombay:Narosa Publishing House,1998: 839-846.

［155］ HE K, SUN J, TANG X. Guided image filtering［J］. IEEE Transactions on Pattern Analysis and Machine Intelligence,2013,35(6):1397-1409.

［156］ LAND E H. An alternative technique for the computation of the designator in the retinex theory of color vision［J］. Proceedings of the National Academy of Sciences of the United States of America, 1986, 83 (10):3078-3080.

［157］ LAND E H, MCCANN J J. Lightness and retinex theory［J］. Journal of the Optical Society of America, 1971, 61(1):1-11.

［158］ MEYLAN L, SUSSTRUNK S. High dynamic range image rendering with a Retinex-based adaptive filter ［J］. IEEE Transactions on Image Processing, 2006, 15(9):2820-2830.

[159] RAHMAN Z U, JOBSON D J, WOODELL G A. Retinex processing for automatic image enhancement [J]. Human Vision & Electronic Imaging Ⅷ:International Society for Optics and Photonics, 2004,13 (1):100-110.

[160] PROVENZI E, MARINI D, CARLI L D, et al. Mathematical definition and analysis of the retinex algorithm[J]. Journal of the Optical Society of America A Optics Image Science & Vision, 2005, 22 (12): 2613-2621.

[161] ZIA-UR R, DANIEL J J, GLENN A W. Multi-scale retinex for color image enhancement[C]//IEEE International Conference on Image Processing. New York:IEEE,2002: 1003-1006.

[162] LYU G, HUANG H, YIN H, et al. A novel visual perception enhancement algorithm for high-speed railway in the low light condition[C]//IEEE 12th International Conference on Signal Processing. New York:IEEE,2015: 1022-1025

[163] CHANG H, Ng M K, WANG W, et al. Retinex image enhancement via a learned dictionary[J]. Optical Engineering, 2015, 54(1): 984-991.

[164] JOBSON D J, RAHMAN Z, WOODELL G A. A multiscale retinex for bridging the gap between color images and the human observation of scenes[J]. IEEE Transactions on Image Processing, 1997, 6 (7): 965-976.

[165] JIANG B, WOODELL G A, JOBSON D J. Novel multi-scale retinex with color restoration on graphics processing unit[J]. Journal of Real Time Image Processing, 2015,10(2): 239-253.

[166] TAO L, ASARI V. Modified luminance based MSR for fast and efficient image enhancement[J]. Applied Imagery Pattern Recognition Workshop. 2003: 174-179.

[167] NGO H T, ZHANG M, TAO L, et al. Design of a high performance architecture for real-time enhancement of video stream captured in extremely low lighting environment[J]. Microprocessors & Microsystems, 2009, 33(4):273-280.

[168] GUARNIERI G, MARSI S, RAMPONI G. High dynamic range image display with halo and clipping prevention[J]. IEEE Transactions on Image Processing:A Publication of the IEEE Signal Processing Society, 2011, 20(5):1351-1362.

[169] LIU H. Variational bayesian method for retinex[J]. IEEE Transactions on Image Processing, 2014, 23 (8):3381-3396.

[170] MEYLAN L, SUSSTRUNK S. High dynamic range image rendering with a retinex-based adaptive filter [J]. IEEE Transactions on Image Processing, 2006, 15(9):2820-2830.

[171] NAM Y O, CHOI D Y, SONG B C. Power-constrained contrast enhancement algorithm using multiscale retinex for OLED display[J]. IEEE Transactions on Image Processing, 2014, 23(8):3308-3320.

[172] MORELA J, ANA B P B, SBERTB C. Fast implementation of color constancy algorithms[J]. Proceedings of SPIE – The International Society for Optical Engineering, 2009, 7241: 724106-724110.

[173] KIMMEL R, ELAD M, SHAKED D, et al. A variational framework for retinex[J]. International Journal of Computer Vision, 2003, 52(1):7-23.

[174] MA W, MOREL J M, OSHER S, et al. An L 1-based variational model for Retinex theory and its application to medical images[J]. Computer Vision & Pattern Recognition. 2011:153-160.

[175] LIU H. Variational bayesian method for retinex[J]. IEEE Transactions on Image Processing, 2014, 23 (8):3381-3396.

[176] BARBARA Z, FLUSSER J. Image registration methods: a survey[J]. Image & Vision Computing, 2003, 21(11):977-1000.

[177] LAND E H . The retinex theory of color vision[J]. Scientific American, 1977, 237(6):108-128.

[178] JOBSON D J, RAHMAN Z, WOODELL G A . Properties and performance of a center/surround retinex [J]. IEEE Transactions on Image Processing:A Publication of the IEEE Signal Processing Society, 1997, 6(3):451-462.

[179] RAHMAN Z U, WOODELL G A. Multi-scale retinex for color image enhancement[C]//IEEE International Conference on Image Processing.New York:IEEE, 2002.

[180] MA J, FAN X, NI J, et al. Multi-scale retinex with color restoration image enhancement based on Gaussian filtering and guided filtering[J]. International Journal of Modern Physics B, 2017, 31(16-19):1744077.

[181] XIE X M, WANG C M, ZHANG A J. Color image enhancement methods based on matlab[J]. Applied Mechanics and Materials, 2013, 300-301:1664-1668.

[182] BERTIN S, FRIEDRICH H, DELMAS P, et al. Digital stereo photogrammetry for grain-scale monitoring of fluvial surfaces:Error evaluation and workflow optimisation[J]. Isprs Journal of Photogrammetry & Remote Sensing, 2015, 101:193-208.

[183] LIU J, ZHU J, PEI Y, et al. Adaptive depth map-based retinex for image defogging[C]//IEEE International Conference on Audio. New York:IEEE, 2017.

[184] SHI J. Enhancement MSRCR algorithm of color fog image based on the adaptive scale[J]. Society of Photo-optical Instrumentation Engineers. 2014.

[185] GAO Y, YUN L, SHI J, et al. Enhancement MSRCR algorithm of color fog image based on the adaptive scale[C]//. Sixth International Conference on Digital Image Processing (ICDIP 2014). Washington D C:Proc SPIE,2014.

[186] YUN L J, GAO Y, SHI J, et al. Enhancement algorithm of color fog image based on the brightness adjustment of interception function and adaptive scale[J]. International Symposium on Optoelectronic Technology and Application 2014:Image Processing and Pattern Recognition. International Society for Optics and Photonics, 2014.

[187] LI Y, HE X, WU X, Improved enhancement algorithm of fog image based on multi-scale Retinex with color restoration[J]. Journal of Computer Applications, 2014, 34(10):2996-2999.

[188] LIU S, QI W, WANG J, et al. Design and test of wireless control system for tobacco topping machine [J]. Transactions of the Chinese Society for Agricultural Machinery, 2017.

[189] MA Z, WANG Y, SONG Z, et al. The color tread image segmentation based on improved labeled watershed[J]. Journal of Graphics, 2018, 39(1):36-42.

[190] LIU Y, YAN H, GAO S, et al. Criteria to evaluate the fidelity of image enhancement by MSRCR[J]. Iet Image Processing, 2018, 12(6):880-887.

[191] HE X, WANG T, JIA Y, et al. Studying fidelity issues in image enhancement by means of multi-scale retinex with color restoration[C]//IEEE International Conference on Systems & Informatics. New York: IEEE, 2017.

[192] KIMMEL R, SHAKED D, ELAD M, et al. Space-dependent color gamut mapping:a variational approach.[J]. IEEE Transactions on Image Processing:A Publication of the IEEE Signal Processing Society, 2005, 14(6):796-803.

[193] 佚名. 带色彩恢复的多尺度视网膜增强算法(MSRCR)的原理、实现及应用[EB/OL].[2013-04-17]. https://www. cnblogs. com/Imageshop/p/3026881. html.

[194] LI Z, TAN P, TAN R T, et al. Simultaneous video defogging and stereo reconstruction[C]//2015 IEEE Conference on Computer Vision and Pattern Recognition (CVPR). New York:IEEE Computer

Society，2015.

[195] CHOI L K , YOU J , BOVIK A C. Referenceless prediction of perceptual fog density and perceptual image defogging[J]. IEEE Transactions on Image Processing, 2015, 24(11)：3888-3901.

[196] GALDRAN A. Image dehazing by artificial multiple-exposure image fusion[J]. Signal Processing, 2018：S0165168418301063.

[197] 王大凯,侯榆青,彭进业. 图像处理的偏微分方程方法[M]. 北京:科学出版社,2008.

[198] 龚声蓉,刘纯平,王强,等. 数字图像处理与分析[M]. 北京:清华大学出版社,2006.

[199] ZIMMERMAN J B, PIZER S M. An evaluation of the effectiveness of adaptive histogram equalization for contrast enhancement[J]. IEEE Transaction Medical Imaging. 1988, 7：304-312 .

[200] ZUIDERVELD K. Contrast Limited Adaptive Histogram Equalization[M]. Academic Press Inc. ,1994.

[201] PISANO E, ZONG S, HEMMINGER B, et al. Contrast limited adaptive histogram equalization image processing to improve the detection of simulated spiculations in dense mammograms[J]. Journal of Digital Imaging. 1998,11:193 – 200 .

[202] JINTASUTTISAK T, INTAJAG S. Color retinex image enhancement by rayleigh contrast limited histogram equalization[J]. International Conference on Control, Automation and Systems. 2014, 10：692-697.

[203] 刘红,沈利明,乐建威. X 光图像增强处理的研究[J]. 科学技术与工程, 2007, 7(22)：5763-5766.

[204] 刘轩,刘佳宾. 基于对比度受限自适应直方图均衡的乳腺图像增强[J]. 计算机工程与应用, 2008, 44(10):173-175.

[205] 赵建军,熊馨,张磊,等. 基于 CLAHE 和 top-hat 变换的手背静脉图像增强算法[J]. 激光与红外, 2009, 39(2):220-222.

[206] 徐义. 水下图像预处理技术研究[D]. 南京:南京理工大学, 2013.

[207] JINTASUTTISAK T, INTAJAG S. Color retinex image enhancement by rayleigh contrast limited histogram equalization [C]//2014 14th International Conference on Control, Automation and Systems. New York:IEEE,2014,10：692-697.

[208] XU Z, LIU X, JI N. Fog removal from color images using contrast limited adaptive histogram equalization[J]. International Congress on Image and Signal Processing. 2009, 10:1-5.

[209] MIN B S, LIM D K, KIM S J, et al. A novel method of determining parameters of CLAHE based on image entropy[J]. International Journal of Soft Engineering and its Applications. 2013, 7：113-120.

[210] LI L, SI Y, JIA Z. Medical image enhancement based on CLAHE and unsharp masking in NSCT domain[J]. Journal of Medical Imaging & Health Informatics, 2018, 8(3):431-438.

[211] WIN K Y, CHOOMCHUAY S, HAMAMOTO K, et al. Artificial neural network based nuclei segmentation on cytology pleural effusion images [C]//International Conference on Intelligent Informatics & Biomedical Sciences. New York：IEEE, 2018.

[212] SYAHPUTRA M F, NURRAHMADAYEI,AULIA I, et al. Hypertensive retinopathy identification from retinal fundus image using backpropagation neural network [C]//2017 ICAICTA. London：Journal of Physics Conference Series,2018.

[213] LIU K. Stability control algorithm for forefoot landing in jumping of lion dance[J]. Journal of Discrete Mathematical Sciences & Cryptography, 2018, 21(2):225-231.

[214] GARG D, GARG N K, KUMAR M. Underwater image enhancement using blending of CLAHE and percentile methodologies[J]. Multimedia Tools & Applications, 2018(12):1-17.

[215] KIM K, KIM S, KIM K S. Effective image enhancement techniques for fog-affected indoor and outdoor

images[J]. IET Image Processing, 2018, 12(4):465-471.

[216] ZHANG S, TANG G, LIU X, et al. Retinex based low-light image enhancement using guided filtering and variational framework[J]. Optoelectronics Letters, 2018, 14(2):156-160.

[217] CHANG Y, JUNG C, KE P, et al. Automatic contrast limited adaptive histogram equalization with dual gamma correction[J]. IEEE Access, 2018, (99):1-1.

[218] THAMIZHARASI A, JAYASUDHA J S, THAMIZHARASI A, et al. An Illumination pre-processing method for face recognition using 2D DWT and CLAHE[J]. Iet Biometrics, 2018, 7(4):380-390.

[219] GUAN W, WU Y, XIE C, et al. Performance analysis and enhancement for visible light communication using CMOS sensors[J]. Optics Communications, 2018, 410:531-545.

[220] FU Q, CELENK M, WU A. An improved algorithm based on CLAHE for ultrasonic well logging image enhancement[J]. Cluster Computing, 2018:1-10.

[221] PAWAR M M, TALBAR S N. Local entropy maximization based image fusion for contrast enhancement of mammogram [J]. Journal of King Saud University Computer and Information Sciences, 2018: S1319157817304743.

[222] HITAM M S, YUSSOF W J, AWALLUDIN E A, et al. Mixture contrast limited adaptive histogram Equalization for Underwater Image Enhancement [C]//International Conference on Computer Applications Technology. New York:IEEE, 2013, 1: 1-5.

致　　谢

本书及其相关研究工作是在博士研究生导师范新南教授悉心指导下完成的，从课题选题、理论研究、实验规划、实验开展到本书撰写，每一个环节都凝聚了范老师的心血。谨向范老师表示最衷心的感谢！

衷心感谢范老师对我的谆谆教诲，引导我步入科学研究的大门，逐步培养我从事科学研究的素养，并为我现在和今后的科研道路指明了方向。范老师学识渊博、视野宽广、治学严谨，以及对学术研究和教育事业孜孜以求的精神令我敬仰，并始终激励和鞭策我在学术的道路上不断前进。范老师领导下的实验室拥有宽松的学术氛围，活跃的学术气氛，使我可以在自己感兴趣的方向不断深入研究。同时还要感谢范老师在工作和生活上给予的无微不至的关怀和帮助。

在攻读博士学位期间，我得到了河海大学研究生院、计算机与信息学院、物联网工程学院各级领导、老师和同学们的关心和支持。特别感谢张学武教授、倪建军教授、李庆武教授、朱昌平教授、韩庆邦教授、刘小峰教授、张全波副教授、李敏副教授、蔡昌春副教授、陈俊风副教授、周小芹博士、刘艳博士等老师，感谢陈小中博士、吕莉博士等同学，感谢他们在学习和生活上给予的关心、支持和帮助。感谢实验室史朋飞、张卓、谢迎娟等学长学姐，感谢汪耕任、陈伟、王康、冶舒悦、郑併斌等硕士同学，感谢他们在学术交流以及其他场合所给予的帮助和启发。

感谢常州工学院的各级领导，特别感谢赵景波教授、吴志祥教授、张建生教授、朱锡芳教授、毛国勇教授，以及电气与光电工程学院、电气信息工程学院的领导和同事给予的充分的支持和热情的帮助，使我能够有更多的时间和精力开展博士期间的学习和研究。

在攻读博士学位期间，我得到了中科院自动化研究所的各级领导、老师和同学们的关心和支持。衷心感谢潘春洪研究员、向世明研究员在深度学习理论、SCI 论文选题和写作等方面给予的指导。

在攻读博士学位期间，我得到了加拿大圭尔夫大学工程学院的领导、老师、各位访问学者和同学们的关心与支持。衷心感谢先进机器人和智能系统(ARIS)实验室主任 Simon X. Yang 博士在 SCI 论文实验安排、SCI 论文投稿等方面给予的指导。

特别感谢南京大学陈力军教授在博士论文研究方向、课题选题、开题报告和论文答辩等方面给予我高屋建瓴的指导。

特别感谢国防工业出版社编辑团队。感谢你们的专业精神和无私奉献，使本书成功出版。

感谢在前行路上给予无私指点和热情帮助的所有人，衷心祝愿善良的人们一生平安。"山水相逢，天佑善行；德行致远，宽行天下"。

马金祥

2022 年 12 月于延陵